DIE BÜCHER MIT DEM BLAUEN BAND

Georg Rüschemeyer, geboren 1970, wollte als Kind entweder Giraffe oder Heinz Sielmann werden. Bei Tieren ist er dann immerhin geblieben. Nach dem Abitur studierte er Biologie in Regensburg und den USA und später als Zusatzstudiengang Wissenschaftsjournalismus in Berlin. Heute schreibt er unter anderem für den Wissenschaftsteil der »Frankfurter Allgemeinen Sonntagszeitung« und die Magazine »mare« und »GEO«. Er lebt mit seiner Familie in den Niederlanden.

Nora Coenenberg, geboren 1978 in Starnberg, arbeitet seit 2008 als Illustratorin für zahlreiche große Zeitungen und als Infografikerin für den Spiegel-Verlag in Hamburg. Nach einem abgeschlossenen Wirtschaftsstudium erlangte sie 2009 an der HAW Hamburg ihr Diplom mit dem Schwerpunkt »Informative Illustration«. Im Jahr 2009 wurde sie außerdem von der »Society for News Design« für ihre Arbeiten in der »Frankfurter Allgemeinen Sonntagszeitung« ausgezeichnet.

Georg Rüschemeyer

Menschen und andere Tiere
Vom Wunsch, einander zu verstehen

Mit Bildern von
Nora Coenenberg

Fischer

DIE BÜCHER MIT DEM BLAUEN BAND
Herausgegeben von Tilman Spreckelsen
www.fischerverlage.de

Sonderausgabe

© S. Fischer Verlag GmbH, Frankfurt am Main 2010
Umschlaggestaltung: Hauptmann & Kompanie Werbeagentur GmbH,
München/Zürich
unter Verwendung einer Illustration
von Nora Coenenberg
Lektorat: Alexandra Rak
Satz: pagina GmbH, Tübingen
Druck und Bindung: CPI – Clausen & Bosse, Leck
Printed in Germany
ISBN 978-3-596-85457-8

Nach den Regeln der neuen Rechtschreibung

Inhaltsverzeichnis

Vorwort

Die Geschichte ist wirklich unglaublich: Wir schreiben das Jahr 1940, mitten im Zweiten Weltkrieg. Belgien ist von der Deutschen Wehrmacht besetzt. Die gerade mal siebenjährige Misha läuft aus dem Haus ihrer Pflegeeltern weg und macht sich ganz allein und zu Fuß in Richtung Osten auf, nur ein bisschen Proviant und einen Spielzeugkompass in der Tasche. Sie will ihre Eltern suchen, die von den deutschen Besatzern in die Ukraine verschleppt wurden. Vier Jahre dauert ihre Irrfahrt, auf der sie wie durch ein Wunder immer wieder ihren Verfolgern entkommt. Als sie in Polen in den tiefen Wald flüchtet, trifft die kleine Misha auf ein Rudel Wölfe. Anstatt das Mädchen zu fressen, nehmen die Raubtiere Misha bei sich auf, teilen ihr Futter mit ihr und wärmen sie im eiskalten Winter.

Als die inzwischen in den USA lebende Misha Defonseca 1997 ihre Memoiren mit dem Titel »Überleben mit den Wölfen« veröffentlichte, wurde das Buch zu einem Bestseller. Einige Leser fanden die Geschichte allerdings nicht unglaublich spannend, sondern unglaublich unglaublich: Sie hielten sie für frei erfunden.

Misha Defonseca, die in Wirklichkeit Monique de Wael heißt, schwor immer wieder, dass sie wirklich alles so erlebt hatte –, bis ein Journalist Anfang 2008 in einem Gemeindearchiv alte Unterlagen fand. Die Papiere bewiesen, dass die kleine Monique 1943, also mitten in der Zeit ihrer Abenteuer, brav in Brüssel zur Schule gegangen war. Kurz darauf gab de Wael schließlich zu, die Geschichte ihrer Kindheit unter Wölfen nur erfunden zu haben. Sie entschuldigte sich damit, dass sie sich ihre Phantasieerlebnisse schon als Kind so zurechtgelegt hatte und dass sie sich für sie inzwischen »wahrer« anfühlten als die Wirklichkeit.

Damals, Anfang 2008, las ich zum ersten Mal vom Fall Misha Defonseca, der gerade als Spielfilm in die Kinos gekommen war. Ich wunderte mich darüber, wie lange es gedauert hatte, bis jemand der Wahrheit auf die Spur gekommen war. Ein Kind, das unter Wölfen aufwächst – das gibt es doch wohl nur im »Dschungelbuch«, dachte ich. Oder ist an solchen Geschichten vielleicht doch mehr dran? Und wäre es überhaupt vorstellbar,

dass wilde Tiere ein Menschenkind bei sich aufnehmen? Die Idee für ein Buch über Wolfskinder war geboren, und je mehr ich darüber nachdachte, desto mehr grundlegende Fragen taten sich auf: Können sich Mensch und Tier gegenseitig verstehen? Wie groß ist der Unterschied in ihrer Art und Weise zu denken und zu fühlen? Sind Menschen, die davon träumen, mit Tieren zu leben, einfach nur Spinner? Und was passiert in den Köpfen von Mensch und Tier, wenn sie voneinander lernen?

Auf der Suche nach Antworten bin ich vor allem in der Verhaltensforschung und der Psychologie fündig geworden.

Die eine dieser beiden Wissenschaften beschäftigt sich mit Tieren, die andere mit Menschen. Früher hielt man das für zwei ganz unterschiedliche Forschungsgebiete, heute überschneiden sich beide mehr und mehr. Eine Prise Philosophie steckt auch im Buch, nämlich dort, wo es um die Grenzen dessen geht, was Wissenschaftler überhaupt erforschen können.

Viel Spaß!

Kapitel 1

Er wächst bei Wölfen auf, ein Bär und ein schwarzer Panther werden seine besten Freunde und machen aus dem Findelkind Mowgli schließlich einen stolzen jungen Mann. In Rudyard Kiplings »Dschungelbuch« und erst recht in der berühmten Trickfilm-Fassung von Walt Disney sind Tiere die besseren Menschen und aufopfernde Zieheltern. Die Idee für seine vor weit über hundert Jahren entstandene Geschichte aus dem indischen Urwald kam Kipling nicht von ungefähr: Damals kursierten in englischen Zeitungen und Magazinen viele Berichte über sogenannte Wolfskinder – Kinder die von Wölfen aufgezogen wurden und sich wie wilde Tiere benahmen. Was verbirgt sich hinter all diesen Geschichten, die bis heute unsere Phantasie anregen? Gab es die Wolfskinder wirklich und wenn ja, was war ihre wahre Geschichte?

Wolfskinder

Mit einem kleinen Ruck bleibt der Weidenkorb im Schlamm des Tiber stecken, auf dessen Wellen er die vergangenen Stunden dem Mittelmeer entgegengeschaukelt war. Wie durch ein Wunder (oder hatte Tiberinus, der Flussgott, seine Finger im Spiel?) sind die beiden Säuglinge in seinem Inneren noch am Leben, auch wenn sie vor Hunger und Kälte wimmern. Doch das Wunder ist noch nicht zu Ende: Gerade watet eine Wölfin durchs

seichte Wasser, sie läuft direkt auf den Korb zu. Eigentlich ist sie auf der Suche nach etwas Fressbarem. Als sie die beiden Jungen in dem Korb erblickt, regt sich in ihr ein wundersames Gefühl: der Mutterinstinkt. Sie nimmt den Henkel des Korbs zwischen ihre Zähne und trägt ihn in ihre Höhle, die sie sich in die Böschung am Ufer des Flusses gegraben hat. Behutsam nimmt sie beide Kinder aus dem Korb und legt sie zwischen ihre eigenen neugeborenen Welpen. Schließlich legt sie sich selbst nieder und lässt all die hilflosen Wolfs- und Menschenbabies Milch aus ihren Zitzen trinken.

Wir schreiben das Jahr 770 vor unserer Zeitrechnung (so ungefähr zumindest) und sind gerade Zeugen der wundersamen Rettung von Romulus und Remus geworden. Die beiden sind die Kinder der Königstochter Rhea Silvia. Deren Onkel Amulius hatte Rhea Silvias Vater, König Numitor vom Thron gestürzt. Aus Angst vor Nachfahren, die sich an ihm rächen könnten, verbot der böse Onkel seiner Nichte Rhea Silvia, jemals Kinder zu bekommen. Als sie trotzdem die Zwillinge auf die Welt bringt, lässt er die beiden in einem Weidenkorb auf einem Fluss aussetzen, wo sie ertrinken sollen.

Doch dann kommt die Wölfin und rettet die beiden. Ein Schafshirte findet sie später, zieht die Kinder auf und nach allerlei Hin und Her stürzen die beiden den bösen König und gründen schließlich die Stadt Rom, aus der das römische Imperium hervorgehen sollte.

So oder so ähnlich haben es zumindest römische Geschichtsschreiber später erzählt. Die Geschichte von der Wölfin, ohne die es die Stadt am Tiberfluss nie gegeben hätte, klingt allerdings ziemlich märchenhaft und tatsächlich glaubt heute niemand, dass sich die Gründung Roms genau so zugetragen hat.

Nach weit über 2500 Jahren ist es leider auch reichlich spät, um herauszubekommen, ob die Sage zumindest einen wahren Kern besitzt.

Ähnlich ist das auch mit den vielen anderen Berichten über Wolfskinder aus späteren Jahrhunderten. Zahllose solche Fälle sind seit dem Mittelalter überliefert – von dem Wolfsjungen, den Jäger des hessischen Landgrafen Heinrich 1341 im Wald fangen und der sich wie ein wildes Tier benimmt, über das Bärenmädchen von Fraumark, das 1767 in Ungarn aus der Höhle eines Bären gezerrt wird, bis zum Gazellenjungen von Mauretanien, der um 1900 von einer Antilope aufgezogen worden sein soll – was daran wahr und was erfunden ist, lässt sich heute kaum noch feststellen, auch wenn einige Geschichten glaubwürdiger sind als andere.

Zu einer regelrechten Modeerscheinung wurden diese Geschichten in der zweiten Hälfte des 19. Jahrhunderts, als aus Indien von einer ganzen Serie von Wolfskindern berichtet wurde. Indien war damals eine britische Kolonie, und zumeist waren es auch Briten, die in Briefen und Berichten in die Heimat von den seltsamen Begebenheiten erzählten. Einer von ihnen war Hercules Grey Ross. Nachdem er in einer Zeitschrift von einem ähnlichen Fall gelesen hatte, schrieb er einen langen Leserbrief mit seinen eigenen Erinnerungen:

»Als ich in Sultanpur (das ist ein Distrikt in Nordindien) als Verwalter tätig war, brachte mir die Polizei einen Knaben – das war im Jahr 1860 oder 1861 – und erklärte mir, sie habe ihn in einem Wolfsbau aufgefunden. … Ich sah den Knaben von da an beinahe täglich. Er schien etwa vier Jahre alt und hockte auf dem Boden wie ein Hund, beide Arme vor sich hingestreckt, die Hände flach auf den Boden. Er zog die Beine ein wie ein

Hund. Er bewegte sich, indem er hüpfte wie ein Affe, wobei er nie aufrecht stand und die Hände stets den Boden berührten. Er knurrte oder machte andere Geräusche, etwas zwischen einem Bellen und einem Grunzen. Gekochtes Essen rührte er nie an, rohes Fleisch aß er dagegen gierig. Ein Polizist kümmerte sich um ihn. Allmählich brachte dieser ihm bei, Milch zu trinken, dann auch Milch und Brot zu sich zu nehmen und so weiter. Der Knabe war gewiss kein Schwachsinniger. Nachdem man ihn gezähmt hatte, kam er in die Schule. Am Schluss wurde er Polizist. Alle waren damals davon überzeugt, dass es sich eindeutig um ein Wolfskind handelte. Ob es so etwas überhaupt gibt, bleibt dahingestellt. Ich persönlich sehe keinen Grund daran zu zweifeln. Die Eingeborenen sind von dieser Vorstellung überzeugt. Zugegeben, sie glauben an viele Legenden, die völlig widersinnig sind ...«

Ross war sich im Nachhinein selbst nicht mehr ganz sicher, ob er die Geschichte glauben sollte oder nicht. Doch viele seiner Landsleute waren nicht so skeptisch. Nachdem um 1850 die ersten Wolfskindgeschichten bekannt geworden waren, kam es in England zu einer regelrechten »Wolfskind-Manie«. Die Leute rissen sich um die zumeist tragisch mit dem baldigen Tod des Kindes endenden Geschichten und aus der riesigen britischen Kolonie Indien wurde reichlich Nachschub geliefert.

Zweifel erlaubt

Was aber ist nun dran an den indischen Wolfskindgeschichten? Viele davon wurden von Leuten aufgeschrieben, die selber gar nicht dabei waren, als das vermeintliche Wolfskind gefunden wurde. Oft kannten sie überhaupt nur Gerüchte darüber – und Gerüchte werden ja bekanntlich immer phantastischer, je mehr Menschen sie erzählen.

Es gibt auffällig viele Ähnlichkeiten in den einzelnen Geschichten, die sich häufig bis in kleine Details gleichen. Meist wird von knurrenden, auf allen Vieren laufenden und rohes Fleisch fressenden Kindern erzählt. Das könnte natürlich daran liegen, dass sich alle Kinder, die mit Wölfen aufwachsen, ähnlich benehmen. Wahrscheinlicher ist aber, dass die Erfinder von Wolfskindgeschichten einfach nur voneinander abgeschrieben haben. Doch gilt das auch für den berühmtesten Fall aus neuerer Zeit, den beiden indischen Wolfsmädchen Kamala und Amala, die der Missionar Joseph Singh am 9. Oktober 1920 im westbengalischen Distrikt Midnapore aufgefunden hatte?

Singh beschreibt in seinen Tagebüchern, wie er die beiden Mädchen in einer Höhle aufspürte, in der sie von einer Wolfsmutter und ihrer Sippe behütet wurden. Die etwa acht Jahre alte Kamala und die kaum zweijährige Amala zeigten alle wolfskindtypischen Verhaltensweisen: Sie wollten keine Kleidung anziehen und aßen nur rohes Fleisch, sie kratzten und bissen und liefen wie Wölfe äußerst geschickt auf allen Vieren.

Lange Zeit galt die Geschichte von Kamala und Amala als echt – immerhin waren ihre Existenz und auch ihr seltsames Verhalten durch viele Augenzeugenberichte und Fotos belegt, die in Singhs Waisenhaus entstanden. Doch es gab auch Zweifel: Waren die beiden wirklich von einer Wölfin aufgezogen worden? Wie so oft ließ sich das im Nachhinein kaum noch nachvollziehen. Die Mutterwölfin sei von seinen Begleitern leider erschossen worden, schreibt Singh – noch so eine Sache, die sich in vielen Geschichten ähnelt.

18

Tierische Adoption

Am ehesten können uns heute Biologen und Verhaltensforscher beim Lösen dieses Rätsels helfen. Durch die Zeit vermögen auch sie nicht zu reisen, aber sie liefern doch Antworten auf die entscheidende Frage: Wäre es überhaupt denkbar, dass sich eine Wölfin jahrelang um ein Menschenbaby kümmert, bis dieses groß genug ist, für sich selbst zu sorgen?

Immerhin kennt man aus dem Tierreich durchaus Fälle, in denen Tierwaisen von anderen Müttern adoptiert werden: Stirbt zum Beispiel eine Gorilla- oder Schimpansenmutter, so kümmern sich manchmal andere Mütter der Gruppe um die Waisen und säugen sie zusammen mit ihren eigenen Kindern. Manchmal kriegen selbst die großen, starken Affenmänner ein weiches Herz und übernehmen die Fürsorge für ein Waisenkind, das dann allerdings schon über das Säuglingsalter hinaus sein muss.

Einen besonders schönen Fall beschrieb Anfang 2010 der Leipziger Affenforscher Christophe Boesch aus dem Taï-Nationalpark in Westafrika. Ein erwachsener Schimpansenmann, den die Forscher Freddy nannten, nahm sich dabei des damals gut zweijährigen Victor an, der gerade seine Mutter verloren hatte. Die beiden kuschelten zusammen, Freddy trug Victor auf dem Rücken, wie es sonst Mütter mit ihren Jungen tun, und verteidigte ihn, wenn andere Affen aus der Gruppe zu frech wurden.

Freddy und Victor sind aber nur eines von 18 Beispielen von Adoption, die die Forscher in den letzten 27 Jahren im Taï-Urwald beobachtet haben. Mal waren es Männchen, die sich aufopferungsvoll um die Waisen kümmerten, mal Weibchen. Meistens waren die Jungen schon alt genug und nicht mehr auf die Milch ihrer Mutter angewiesen, aber in zwei Fällen säugten

Adoptivmütter die Waisen über mehrere Jahre hinweg zusammen mit ihren eigenen Jungen und retteten ihnen so das Leben. Boesch vermutet, dass solche Fälle im Urwald viel häufiger vorkommen, als man bisher dachte.

Das Adoptieren von Waisenkindern ist aber nicht nur von Affen, sondern auch von anderen sehr eng in einer Gruppe zusammenlebenden Tierarten überliefert. Und auch manche Haustiere, vor allem Hunde und Katzen, sind dafür bekannt, dass sie sich ohne Murren fremde Kinder unterjubeln lassen. Regelrecht berühmt für ihren ausgeprägten Mutterinstinkt ist die südafrikanische Labrador-Hündin Lisha. Sie lebt in der Nähe eines Wildparks und hat schon mehr als 30 Wildtier-Waisenkinder aufgezogen, darunter kleine Geparden, Seelöwen, ein Zwergflusspferd und selbst ein Baby-Stachelschwein. Allerdings gibt Lisha ihren Zöglingen keine Milch – die kommt aus der Tüte von Lishas Besitzern, die sich zusammen mit der Hündin um die Tierwaisen kümmern.

Schlagzeilen machte vor einigen Jahren eine Löwin im Samburu-Nationalpark in Kenia: Sie adoptierte ein junges Antilopen-Kälbchen, das sie liebevoll umsorgte und vor anderen Löwen schützte. Das verwirrte Kälbchen ließ sich dies auch gefallen und schmiegte sich eng an seine Ziehmutter. Ganz freiwillig war die Adoption trotzdem nicht: Die echte Antilopenmutter lief immer etwas abseits mit und säugte ihr Junges, wenn die Löwin gerade mal nicht in der Nähe war. Was die Raubkatze zu ihrem fürsorglichen Verhalten animierte, ist schwer zu sagen – zur Vegetarierin wurde sie jedenfalls nicht, denn andere Antilopen jagte sie weiterhin ganz nach Löwenart. Möglicherweise hatte sie ihr eigenes Junges verloren und der angestaute Mutterinstinkt in ihr suchte sich einfach das nächstbeste Ding, das ihr auf vier Beinen über den Weg lief.

Wie auch immer: Die schöne Geschichte von der Freundschaft zwischen Jäger und Beute geht nicht gut aus. Nach einer Weile rissen andere Löwen die kleine Antilope und fraßen sie auf. Die traurige Löwin schnappte sich darauf einfach das nächste Kalb als Ersatz – sechs Baby-Antilopen sollen es in zwei Jahren gewesen sein. Immerhin gab es keine weiteren Opfer: Den späteren Zwangsadoptierten gelang es nach ein paar Tagen, mit ihrer echten Mutter zu fliehen.

Es müsste also schon einiges zusammenkommen für eine

echte Wolfskindgeschichte: Eine Wolfsmutter, die selbst gerade Junge und genug Milch übrig hat, müsste das Kind finden und es vor allem erst einmal nicht auffressen. Und das ist schon wieder ein großes »Wenn«, denn bei einem Raubtier wie dem Wolf wäre das Verspeisen wohl die natürlichste Reaktion. Tatsächlich kam es in Indien noch vor gar nicht so langer Zeit oft vor, dass Menschen von Wölfen getötet und gefressen wurden – und die meisten Opfer waren Kinder.

Vor allem nachts hatten die Räuber leichtes Spiel, weil sich viele arme Familien kein richtiges Haus leisten konnten, um sich vor Wolfsangriffen zu schützen. Zudem fingen die Menschen damals an, mit Gewehren so viel Rehe und anderes Wild zu schießen, dass den Wölfen nichts anderes übrigblieb, als sich ihr Fressen in den Abfällen menschlicher Dörfer zu suchen – und dabei bot sich manchmal eben die Gelegenheit, sich ein wehrloses Baby aus einer der Hütten zu schnappen. Heute sind Wölfe in Indien sehr selten geworden, doch noch immer gibt es vereinzelte Berichte über tödliche Attacken auf Menschen.

Nehmen wir aber einmal den sehr unwahrscheinlichen Fall an, dass eine Wolfsmutter ein menschliches Baby raubt, es lebend und wohlbehalten in ihren Bau bringt und ihm Milch gibt. Selbst dann würde das Kind nicht lange überleben. Denn Wolfswelpen werden nur in den ersten Wochen gesäugt, ein Menschenbaby müsste aber viel länger Milch bekommen, bevor es rohes Fleisch essen könnte, wie es fast alle Geschichten berichten.

Auch wenn es nicht mit allerletzter Sicherheit auszuschließen ist, wurde also wohl nie irgendeines der vielen sogenannten Wolfskinder wirklich von wilden Tieren aufgezogen. Zu diesem Schluss kommt auch der Journalist P. J. Blumenthal, der ein sehr umfassendes Buch über Wolfskinder geschrieben

hat (»Kaspar Hausers Geschwister«, Piper Verlag), für das er
fünf Jahre lang alle alten Berichte gelesen und auf ihre Glaub-
würdigkeit überprüft hat.

Was wäre der Mensch ohne Kultur?

Warum aber waren Menschen zu allen Zeiten so begeistert von
der Idee eines Wolfskindes, dass sie auch die abenteuerlichsten
Geschichten bereitwillig glaubten? Vielleicht, weil sie die Antwort auf eine große Frage zu liefern scheinen, die den Menschen schon lange umtreibt: Wie entwickelt sich ein Kind ohne
den prägenden Einfluss menschlicher Gesellschaft und Kultur?
Sowohl von dem vor 2500 Jahren lebenden ägyptischen Pharao
Psamtemmich als auch von Kaiser Friedrich dem Zweiten, der
im Mittelalter das deutsch-römische Kaiserreich regierte, wird
berichtet, dass sie ein grausames Experiment befahlen, um eine
Antwort zu erhalten. Sie ließen Säuglinge von Ammen aufziehen, die ihnen zwar genug zu essen gaben und ihre Windeln
wechselten, die aber nicht mit den Kindern reden oder sonst wie
kommunizieren durften. Die Herrscher wollten so herausfinden, ob es eine angeborene Ursprache gibt und wie sich ein Kind
ohne den lenkenden Einfluss anderer Menschen entwickelt. Das

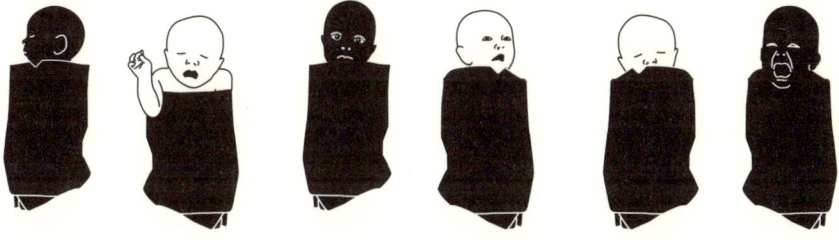

Ergebnis war beide Male niederschmetternd: Alle Kinder starben innerhalb weniger Monate.

Später wiederholte zum Glück niemand mehr dieses schreckliche Experiment. Umso mehr stritten sich dafür die Gelehrten darüber, welchen Einfluss die menschliche Gesellschaft auf den Menschen hat und wie ein Mensch im sogenannten Naturzustand wäre. Die einen glaubten wie auch der englische Philosoph Thomas Hobbes an das Schlechte im Menschen: »Der Mensch ist seinem Mitmensch ein Wolf«, schrieb Hobbes im Jahre 1651. Er meinte damit, dass sich Menschen ohne Regeln und die Kontrolle durch einen Staat wie wilde Wölfe gegenseitig zerfleischen würden (Was wilde Wölfe natürlich nicht tun, aber das wusste Hobbes damals noch nicht).

Vom genauen Gegenteil war hundert Jahre später sein französischer Kollege Jean-Jacques Rousseau überzeugt. Er glaubte, dass der Mensch von Natur aus gut ist und erst durch Staat und Gesellschaft verdorben und zu schlechten Taten verführt wird. Als wenige Jahre später der berühmte Weltumsegler James Cook und andere Seefahrer erstmals von den scheinbar paradiesischen Verhältnissen auf der Südseeinsel Tahiti berichteten, wurde die Vorstellung vom »unverdorbenen Insulaner«, der dem guten Naturzustand noch nahe ist, scheinbar bestätigt und war unter gebildeten Menschen, die auf Rummelmärkten gern solche »edlen Wilden« begafften, sehr beliebt. Und so war es noch, als Rudyard Kipling seine Geschichten über den mutigen, treuen und unverdorbenen Mowgli schrieb.

Rousseaus romantische Vorstellung vom edlen Wilden hatte erheblichen Anteil an der Begeisterung für Wolfskinder, die im 19. Jahrhundert hochschwappte und die Leute alles glauben ließ, was man ihnen aus Indien von wilden Kindern erzählte.

Hundskinder

Eine Frage bleibt natürlich: Wenn all die angeblichen Wolfskinder nie einen Wolf gesehen hatten, was war dann ihre wahre Geschichte? Manche glauben, dass diese Kinder von Geburt an schwer geistig behindert und von ihren bettelarmen Eltern ausgesetzt worden waren. Es gibt auch belegte Fälle, in denen vernachlässigte Kinder zwar bei ihren Eltern aufwuchsen und von diesen genug zu essen bekamen, um zu überleben, aber die meiste Zeit keinen Kontakt zu Menschen hatten und stattdessen ihre Zeit mit Hunden verbrachten – dies könnte jedenfalls die Erklärung für das »wölfische« Verhalten mancher Kinder sein.

Einer dieser Fälle ist die kleine Oxana, die Anfang der 1990er Jahre als das ukrainische Hundekind bekannt wurde. Oxana lebte mit ihren extrem alkoholabhängigen Eltern auf einem winzigen Bauernhof irgendwo in der Nähe von Kiew, der Hauptstadt der Ukraine. Ihre Eltern waren die meiste Zeit betrunken. Sie kümmerten sich nicht um das kleine Mädchen und ließen es stattdessen im Hof mit den Hunden spielen. Auch nachts kam Oxana nicht ins Haus, sondern schlief in der Hundehütte. Als endlich jemand auf die verzweifelte Lage des Kindes aufmerksam wurde und man sie in ein Kinderheim brachte, zeigte das inzwischen achtjährige Mädchen viele Verhaltensweisen, wie sie auch von Wolfskindern beschrieben wurden: Sie konnte kaum sprechen, kläffte dafür aber wie ein Hund und konnte unglaublich geschickt auf allen Vieren laufen und springen. Oxanas Geschichte geht aber doch noch halbwegs gut aus: Nachdem sie in das Heim gekommen war, lernte sie noch gut sprechen und entwickelte sich relativ normal.

Oxana ist der lebende Beweis dafür, wie sehr sich Kinder an eine gegebene Situation anpassen können – hören sie statt menschlicher Sprache nur Hundegebell, so imitieren sie eben dieses; laufen alle um sie herum auf vier Beinen, dann machen auch sie es so.

Ihr Fall zeigt auch sehr überzeugend, wie frühere Wolfskindlegenden wie die von Kamala und Amala entstanden sein könnten. Auf den Hund gekommene Kinder wie sie könnten als Wolfskinder »verkauft« worden sein – die Menschen damals waren fasziniert von solchen Schicksalen und Geschichten und wer ein Wolfskind hatte, konnte mit Vorführungen und Berichten bekannt werden und Geld verdienen. Das vermutet man heute auch von Pastor Singh und seinen beiden Wolfsmädchen. Singh hatte aber vermutlich immerhin einen ehrenwerten Grund, seinen Mitmenschen einen Wolf aufzubinden: Er betrieb in Midnapore ein großes Waisenhaus und war immer knapp bei Kasse. Die große Aufmerksamkeit für seine beiden Wolfsmädchen half mit Sicherheit. Sie machte seine Arbeit für die Kinder bekannter und half dabei, mehr Spenden für das Waisenhaus zu sammeln.

Doch ein wildes Kind? Der Affenjunge von Uganda

Eine der ganz wenigen halbwegs glaubwürdigen Wolfskind-Geschichten (in diesem Fall genauer gesagt: Affenkind-Geschichten), in denen ein Kind wirklich mit wilden Tieren lebte, ist die von John Ssebunya aus Uganda.

Im Jahr 1991 lief eine Frau aus dem Dörfchen Kabonge nahe der ugandischen Hauptstadt Kampala auf der Suche nach Feu erholz durch den nahen Wald, als sie eine Horde Grüne Meerkatzen in den Bäumen bemerkte. Diese recht kleinen Affen sind in Uganda häufig und nicht besonders gern gesehen, weil sie sich oft Früchte und Mais von den Feldern der Menschen holen. Wirklich ungewöhnlich war aber, was die Bäuerin dann sah: Zwischen all den Äffchen im Baum über ihr erblickte sie einen großen Schatten, der sich bei näherem Hinsehen als kleiner Menschenjunge erwies. Die Frau lief zunächst erschrocken weg, kam dann aber mit Verstärkung zurück und es gelang den Dorfbewohnern, das Kind einzufangen. Bald kursierten alle möglichen Geschichten über den Affenjungen John, der angeblich von den Meerkatzen gefüttert und aufgezogen worden war. Doch anders als bei so vielen ähnlichen Geschichten aus alten Zeiten konnten Wissenschaftler der Wahrheit zumindest halbwegs auf den Grund gehen. Und die sah vermutlich so aus:

Als John ungefähr vier Jahre alt war, flüchtete er vor seinem gewalttätigen Vater in den Wald. Dort traf er auf einen Trupp Grüner Meerkatzen, dem er sich anschloss. Anders als in den meisten Geschichten von Wolfskindern spricht aber alles dafür, dass die Affen ihn nicht wie einen der ihren in ihrer Gruppe aufnahmen. Sie duldeten den Jungen lediglich als Mitläufer, solange er sich immer etwas abseits hielt. Trotzdem halfen die Affen ihm indirekt zu überleben: Wenn sie auf den Feldern Bananen, Melonen und Yamwurzeln klauten, schleppten sie oft mehr Futter in den Wald, als sie selbst essen konnten – über den Rest machte sich John her. Wie lange er so im Urwald überlebte, ist schwer zu sagen. Vielleicht waren es nur einige Monate, vielleicht auch ein Jahr oder zwei, bevor ihn schließlich die Dorfbewohner fanden und in ein Waisenhaus brachten. Dort lernte er sogar wieder ein wenig zu sprechen, auch wenn er geistig im-

mer auf dem Niveau eines kleinen Kindes blieb. Dafür entdeckten seine Zieheltern aber Johns schöne Stimme, mit der er heute in einem bekannten afrikanischen Chor mitsingt und sogar auf Tournee geht.

Leider erinnerte sich der einzige echte Zeuge – John – später nur noch sehr lückenhaft an die Erlebnisse mit den Affen, weshalb viele Fragen offenblieben. Immerhin ist seine Geschichte aber zumindest halbwegs plausibel: Grüne Meerkatzen sind sehr gesellige Tiere und könnten ein als harmlos eingestuftes Menschenkind in ihrer Nähe toleriert haben. Als er zu ihnen stieß, war John schon alt genug, um zumindest ein bisschen für sich sorgen zu können. Und das Essen, das Meerkatzen tatsächlich gern auf den Feldern von Menschen stibitzen, hätte ihn wohl auch längere Zeit ausreichend ernähren können.

Aber auch für die Geschichte von John Ssebunya, dem Affenkind aus Uganda gilt, wie auch für all die Wolfskinder aus Indien und anderswo: Das, was daran wahr ist, sind traurige Geschichten von vernachlässigten Kindern. Zu einem edlen Wilden wie Mowgli macht das Aufwachsen unter Tieren ein menschliches Kind nur im Roman.

Kapitel 2

»Er selbst würde sich einen Wolf genannt haben, hätte er die Sprache der Menschen reden können«, heißt es im »Dschungelbuch« über den kleinen Mowgli. Dafür spricht der Menschenjunge in der Geschichte von Rudyard Kipling aber wie selbstverständlich die Sprache der Tiere, die er von seinen Wolfspflegeeltern gelernt hat.

Zum Glück sprechen bei Kipling alle Tiere dieselbe Sprache. Das ist zwar eigentlich nicht besonders logisch, hilft aber auch einer anderen berühmten literarischen Figur beim Vokabellernen: Dr. Doolittle, den der Brite Hugh Lofting vor fast hundert Jahren erfand. Im Falle des Doktors ist es Polynesia, sein Papagei (oder besser Mamagei, denn Polynesia ist eine Dame), die ihm die Muttersprache aller Tiere der Welt beibringt.

Genau andersherum macht es Professor Tibatong aus den Geschichten vom Urmel aus dem Eis: Er lehrt seine tierischen Schüler die Menschensprache. Wutz, die Sau, kann sich zwar ein gelegentliches »Öfföff« nicht verkneifen, Ping Pinguin lispelt und Wawa, der Waran, hat Probleme mit dem »z«. Aber alles in allem sind seine Tiere doch recht gelehrige Schüler.

Klar, das sind nur erfundene Geschichten. Aber was ist in Wirklichkeit dran? Haben Tiere eine geheime Sprache und wenn ja, kann man diese lernen wie Englisch oder Latein? Und wenn nein, wie tauschen Tiere dann Informationen aus und worin liegt der große Unterschied zur Sprache des Menschen? Und wie weit kann man kommen, wenn man versucht, Tieren die Sprache des Menschen beizubringen?

Um solche grundlegenden Fragen soll es in diesem Kapitel gehen, in dem es von tanzenden Bienen, schimpfenden Seehunden und Papageien wimmelt, die viel mehr können, als nur blöde nachzuplappern.

Sprechen mit Tieren?

Groß war Hoovers Wortschatz nicht gerade. Mit einem lässigen »Hey, wie geht's?« begrüßte er seine Besucher, manchmal brummte er aber auch nur: »Hau ab hier!« Und doch war Hoover eine wissenschaftliche Sensation: Der einzige Seehund, der je menschliche Worte von sich gab.

1971 hatten George und Alice Swallow die kleine Robben-Waise beim Spazierengehen am Strand des amerikanischen Bundesstaates Maine gefunden und mit zu sich nach Hause genommen. In der Badewanne der Swallows verschlang das Seehundbaby nicht nur riesige Mengen von Fisch (weshalb es nach einer Staubsauger-Marke benannt wurde). Hoover schnappte auch eine Reihe von kurzen Redewendungen auf, die er mit rauer Seehundstimme und im breiten Maine-Dialekt seiner Zieheltern nachbellte.

Dank der kistenweise angekarrten Fischkost wuchs der kleine Hoover schnell heran. Als selbst der Gartenteich der Swallows zu klein für Hoover wurde, zog er schließlich in das New England Aquarium in Boston um, wo der sprechende Seehund noch 15 Jahre lang die Zoobesucher anschnauzte.

Übel nahm ihm das niemand, denn den Leuten war klar, dass Hoover nur wie ein Papagei nachahmte, was er als kleiner

Heuler gehört hatte. Welche Bedeutung diese Wort-Laute für seine menschlichen Besucher hatten, war ihm schleierhaft – und wahrscheinlich auch ziemlich egal.

Wer spricht denn da?

Wenn es darum geht, mehr als nur ein paar Wort-Häppchen von sich zu geben, tun sich die meisten Tiere schwer mit der menschlichen Sprache. Aber auch Sprachforscher haben ihre Probleme mit ihr – dann nämlich, wenn sie erklären sollen, was genau Sprache überhaupt ist und wo der grundlegende Unterschied zu den vielen Formen der Verständigung unter Tieren liegt. Viele Wissenschaftler (vor allem Sprachforscher) glauben, dass menschliche Sprache und tierische Kommunikation zwei völlig verschiedene Paar Schuhe sind, die sich gar nicht vergleichen lassen. Andere Forscher (vor allem Biologen) betonen eher die Gemeinsamkeiten und die fließenden Übergänge zwischen immer komplexer werdenden Kommunikationssystemen, angefangen bei ganz einfachen Signalen wie sie etwa ein Glühwürmchen nachts aussendet, um eine Frau zu finden, bis hin zu seitenlangen Liebesgedichten (mit denen Dichter im Grunde genau dasselbe bezwecken).

Sicher ist: Auch wenn es nie ein perfekt hochdeutsch sprechendes Tier geben wird, so leisten Vierbeiner, Federviecher und Flossenträger doch ganz Erstaunliches, wenn es darum geht, sich verständlich zu machen. Doch dazu später. Erst einmal soll es nämlich um die Frage gehen, was an unserer Sprache so besonders ist, dass Forscher immer wieder sagen, erst sie mache den Menschen zum Menschen.

Mit Sprache lässt sich vieles sagen

Unsere Sprache ist eine besonders raffinierte Art der Kommunikation und setzt viel mehr voraus, als nur die entsprechenden Geräusche zu erzeugen – das konnte Hoover auch. Wie jede Form der Kommunikation benötigt sie immer einen, der etwas mitteilen will, und einen, der diese Mitteilung versteht. Und einen Code, den beide kennen, sei es Deutsch, Englisch, Suaheli oder die Gebärdensprache gehörloser Menschen. Wenn alles zusammenpasst, kann der Mensch mit der Sprache die tollsten Dinge tun. Er kann sich mit anderen Menschen über Dinge unterhalten, die gestern oder vor Jahren passiert sind oder erst irgendwann in der Zukunft passieren werden. Er kann über abstrakte Dinge wie Demokratie und Wirtschaftskrisen oder über Gefühle wie Liebe und Hass reden und dabei in verschachtelten Sätzen eine Unmenge von Information logisch miteinander verknüpfen.

Erst mit Hilfe der Sprache wird die menschliche Kultur zu dem, was sie ist. Indem sie miteinander reden, lernen Menschen voneinander. Voneinander lernen können zwar auch manche Tiere, etwa wenn sich ein Schimpansen-Junges im afrikanischen Urwald von seiner Mutter abschaut, wie man mit einem Strohhalm Termiten aus ihrem Nest angelt oder mit Steinen Nüsse zerdeppert. Doch mit Sprache kann man sich gegenseitig auch noch viel kompliziertere Dinge erklären. Und seit der Erfindung der Schrift vor etwa 6000 Jahren in Mesopotamien müssen sich die Menschen gar nicht mehr unbedingt gegenüberstehen, um miteinander zu kommunizieren. Das ist praktisch, wenn man seinem Freund aus Italien eine Postkarte oder Email schreibt. Noch wichtiger für die menschliche Kultur war die Schrift aber, um einmal erworbenes Wissen für spätere Generationen festzuhalten.

Denn so wuchs das Wissen des Menschen und das, was er damit anstellen konnte, stetig an. Während sich unsere Vorfahren vor 20 000 Jahren noch gegenseitig beibrachten, wie man aus Steinen einfache Messer und Äxte anfertigt oder wie man ein Feuer anzündet, gehen wir heute auf Schulen und Universitäten und lernen Softwareprogrammierung oder Wirtschaftswissenschaft – und jeden Tag wächst das in Bibliotheken, Archiven oder im Internet gesammelte Wissen der Menschheit weiter an.

Einmal aufgeschrieben, können Gedanken und Ideen Jahrtausende überdauern und sich in aller Welt verbreiten. Noch heute können wir zum Beispiel nachlesen, welche Gesetze König Hammurabi vor fast 4000 Jahren in Babylonien erließ, was die alten griechischen Philosophen vor 2500 Jahren dachten oder nach welchen Rezepten man im Mittelalter Bier braute. Die allerältesten Tontafeln mit einer sogenannten Keilschrift sind etwa 6000 Jahre alt und wurden nahe der Stadt Uruk im heutigen Irak gefunden. Das Volk der Sumerer verewigte damit aber noch keine spannenden Sagen und Legenden, sondern hauptsächlich lange Listen darüber, wer wo wieviel Getreide angebaut oder Steuern an den König gezahlt hatte. Trotzdem verraten die Tontafeln den Archäologen heute viel über das Leben in der ersten Hochkultur des Menschen. Wie die zur gleichen Zeit noch mit Steinäxten hantierenden Menschen in Europa lebten, können Forscher dagegen nur indirekt aus deren später aufgefundenen Hinterlassenschaften wie Werkzeugen, Resten von Häusern oder Gräbern schließen, denn bis die alten Europäer ihre ersten Schriftzeichen in Steine ritzten, vergingen noch fast 4000 Jahre.

Ohne Sprache und ihre verewigte Form, die Schrift, gäbe es deshalb auch moderne Errungenschaften wie Autos, Hochhäuser oder Computer nicht – auf der anderen Seite aber natürlich auch keine Umweltverschmutzung, Kriege und schlechte Popsongs. Vermutlich würde der Mensch einfach noch immer als behaarter Affe durch die Savanne laufen.

Nun wissen wir, was Sprache kann: die tollsten Dinge. Was nun aber genau Sprache ist, wissen wir noch immer nicht. Das ist auch gar nicht so einfach zu erklären, wie man auf den ersten Blick denkt. Eine ganze Disziplin der Wissenschaft, die Linguistik, beschäftigt sich nur mit dieser Frage – und hat noch lange keine endgültige Antwort. Zumindest in einigen grundlegenden Punkten ist man sich aber einig.

Am Anfang ist das Wort

Wörter sind zwar nicht unbedingt die kleinste Einheit der Sprache, schließlich bestehen sie selbst ja wiederum aus einzelnen Lauten und Silben, die die Bedeutung eines Wortes ändern können (wie in »Mund« und »Hund«). Aber sie sind doch die wichtigste Spracheinheit. Wörter teilen den Sprachfluss in leichter verdauliche Happen und haben im Idealfall eine eindeutige Bedeutung. Allerdings beginnen hier schon die vielen Ausnahmeregelungen der Linguistik. Für viele Begriffe gibt es mehrere Wörter. Zum Beispiel meinen Menschen aus Norddeutschland, Bayern oder Berlin alle dasselbe, wenn sie »Brötchen«, »Semmel« oder »Schrippe« sagen. Gleichzeitig kann aber auch ein einziges Wort mehrere Bedeutungen haben. Auf einer »Bank« kann man sowohl sitzen als auch Geld von seinem Konto abheben – im Gruppenspiel »Teekesselchen« muss man genau solche mehrdeutigen Begriffe erraten. Zum Glück können wir meistens aus dem Zusammenhang schließen, wovon die Rede ist. Aber manchmal führen mehrdeutige Wörter auch zu den lustigsten Missverständnissen.

Donaudampfschifffahrtsgesellschaftskapitän …

Einzelne Wörter lassen sich nun kombinieren: Einerseits zu neuen, zusammengesetzten Wörtern, die sich im Deutschen fast beliebig verlängern lassen (siehe die Überschrift oben). Vor allem aber zur wichtigsten Ebene der Sprache: dem Satz. Auch er lässt sich, wenn man will, gerade im Deutschen, aber auch in einigen anderen Sprachen, beliebig lange ausdehnen, wobei Kommas, Klammern (in die man wunderbar noch ganz andere Gedanken füllen kann, die nur ganz am Rand etwas mit dem Rest des Satzes zu tun haben) und alle möglichen Regeln der deutschen Rechtschreibung helfen.

Dieser letzte Satz war schon recht kompliziert und lang, aber man kann das mit den Schachtelsätzen noch viel weiter treiben. Andere Sprachen sind da wesentlich übersichtlicher, was deutsche Sprachforscher stolz auf »ihre« Sprache macht, den amerikanischen Schriftsteller Mark Twain aber an den Rand der Verzweiflung brachte, als er versuchte, sie zu lernen. »Wer nie Deutsch gelernt hat, macht sich keinen Begriff, wie verwirrend diese Sprache ist«, schrieb er in einem Aufsatz mit dem vielsagenden Titel »Die schreckliche deutsche Sprache«.

In Sachbüchern wie diesem versucht man deshalb besser, die Sätze halbwegs übersichtlich zu halten, damit sie ihre eigentliche Aufgabe erfüllen können: die in ihnen enthaltenen Gedanken und Ideen so zu verknüpfen, dass der Leser sie auch versteht – kapiert?

Er redet laut, doch er sagt gar nichts

Über die Besonderheiten der menschlichen Sprache ließe sich noch lange in den kompliziertesten Sätzen schreiben und viele Linguisten haben das auch schon getan.

Für uns kommt es vor allem darauf an, zu wissen, dass man mit echter Sprache auf unglaublich viele Arten unglaublich viele Dinge ausdrücken kann, von simplen Aussagen wie »Dies ist ein Buch« bis zu langen Vorträgen über abstrakte Dinge wie die Relativitätstheorie. Manche Forscher behaupten sogar, dass wir ohne Sprache überhaupt nicht denken könnten. Und tatsächlich: Versuch mal, daran zu denken, was du gestern getan hast, ohne dass dir dabei Wörter durch den Kopf gehen. Andererseits: Kleinkinder, die noch nicht sprechen können, verhalten sich zwar oft ziemlich blöde. Aber immerhin können sie Holzklötzchen aufeinanderstapeln oder den Lieblingsteddy gegen die älteren Geschwister verteidigen – und dafür müssen sie auch ein bisschen denken können, ganz ohne Sprache.

Wichtig zu wissen ist auch noch, dass Sprache und Sprechen nicht das Gleiche sein müssen. Hoover konnte sprechen, ohne aus seiner Sicht irgendetwas Sinnvolles zu sagen. Menschen dagegen können auch ganz ohne zu sprechen Sprache benutzen, zum Beispiel wenn sie still ein Buch lesen (oder schreiben) oder wenn sich gehörlose Menschen mit Hilfe von Gebärdensprache verständigen.

Mit diesem Wissen im Hinterkopf geht es nun weiter zur Frage:

Wie kommunizieren Tiere?

Sätze wie »Derjenige, der denjenigen, der den Pfahl, der an der Brücke, die an der Straße, die nach Mainz führt, liegt, stand, umgeworfen hat, anzeigt, erhält eine Belohnung« kann sicher kein Tier sagen, geschweige denn verstehen. Doch auch wenn sie nicht wie Menschen miteinander reden, so können auch Tiere durchaus miteinander kommunizieren, also untereinander Informationen aller Art austauschen.

Kommunikation ist sogar so etwas wie eine Grundeigenschaft aller Lebewesen. Selbst Bakterien können sich über chemische Signale verständigen und die stummen Pflanzen senden Duftstoffe aus, wenn sie von einer Raupe angeknabbert werden, und warnen so andere Pflanzen vor der drohenden Gefahr (siehe »Der stumme Hilferuf des Tabaks«, Seite 41).

Schnuppernde Ameisen …

Duftende Mitteilungen sind auch im Tierreich weit verbreitet. Die Ameisenstraßen zum Beispiel, die im Sommer quer durch den Garten und manchmal bis in die Küche verlaufen, sind das

Der stumme Hilferuf des Tabaks

Mampf, mampf, mampf – fette grüne Raupen fressen sich durch das Blatt der Tabakpflanze. Normalerweise ist das für die Pflanze kein Problem, denn Tabak enthält das Nervengift Nikotin, eben jenen Stoff also, der Raucher süchtig nach Zigaretten macht. Die natürliche Aufgabe des Giftes ist es allerdings, kleinen Schmetterlingslarven und anderen Pflanzenfressern den Appetit zu verderben und den Tabak so vor Kahlfraß zu schützen. Doch diese Raupen sind anders: Sie sind Larven des Tabakschwärmers und haben sich auf Tabak spezialisiert, selbst in großen Mengen kann ihnen das Nikotin nichts anhaben.

Eins zu Null für die Raupe. Doch die Pflanze ist mit ihrem Latein noch lange nicht am Ende. Denn wie die meisten Pflanzen ist sie durchaus nicht stumm und hilflos. Die Zellen in ihrem Blatt erkennen bestimmte Stoffe im Speichel der Raupe und lösen »Schwärmeralarm« aus.

Zunächst produzieren sie die Jasmonsäure, die sich durch die Leitungsbahnen in Stängel und Blättern in der ganzen Pflanze verteilt. Auf dieses Signal hin verströmt der Tabak aus allen Poren Duftstoffe, die nichts anderes als ein chemischer Hilfeschrei sind. Er geht an eine bestimmte Gattung von Raubwanzen, den ärgsten Feinden der Tabakschwärmerraupe. Die Wanzen verstehen die Nachricht. Sie folgen der Duftspur bis zur befallenen Pflanze und fressen die auf ihr sitzenden Raupen, indem sie sie mit ihrem Rüssel anstechen und von innen aussaugen. Dass ihnen das in den Raupen enthaltene Nikotin nicht schlecht bekommt, dafür sorgt wiederum der Tabak.

Bei Schwärmeralarm reduziert die Pflanze ihre Nikotinproduktion so weit, dass die Raupen für die Raubwanzen genießbar sind.

So wie der Tabak »rufen« bei Gefahr viele Pflanzen nach den Feinden ihrer Feinde – eine Form der wortlosen Kommunikation, die erst seit einigen Jahren von einer neuen Sparte der Biologie, der chemischen Ökologie, genauer unter die Lupe genommen wird. Und auch unter Ihresgleichen verstehen Pflanzen einander: Die Duftstoffe einer angeknabberten Pflanze versetzen auch benachbarte Gewächse aller Art in Alarmbereitschaft, denn wo eine Raupe ist, sind sicher noch mehr. Dabei hilft, dass viele Pflanzenarten in aller Welt die selben Alarmdüfte gebrauchen – sie sprechen sozusagen dieselbe Sprache.

Ergebnis eines besonderen Markierungsgeruchs. Hat eine Pionierameise im Küchenmülleimer etwas Leckeres gefunden, so hinterlässt sie auf dem Nachhauseweg einen speziellen Duftstoff auf dem Boden. Wie Spürhunde folgen ihre Artgenossinnen dann dieser Fährte bis zur Nahrungsquelle und schleppen so viel Fressbares nach Hause, wie sie können.

Diese duftende Verständigung unter Ameisen ist unglaublich effizient – schon wenige Duftstoffpartikel reichen ihren feinen Nasen. Sie ist aber auch ziemlich unflexibel. Zum Beispiel erkennen Ameisen auch tote Artgenossen an ihrem typischen Geruch und werfen sie sofort auf den Abfallhaufen des Ameisenvolkes. Parfümiert man nun eine lebende Ameise mit diesem speziellen Geruch, so wird sie von ihren Kolleginnen gepackt und auf den Müll geworfen, ganz egal wie sehr sie sich wehrt. Erst wenn der Duft verflogen ist, kann sie wieder ungehindert in das Nest zurückkehren. Mit Duftstoffen kann man eben nicht darüber diskutieren, ob es in diesem speziellen Fall nicht besser wäre, den Geruch zu ignorieren. Auf ein bestimmtes Signal reagieren Ameisen deshalb immer mit der gleichen Antwort.

… und tanzende Bienen

Ein gutes Stück weiter sind da schon die nahen Verwandten der Ameise, die Honigbienen. Auch sie leben in einem Staat mit vielen tausend Arbeiterinnen und auch bei ihnen spielen Gerüche eine wichtige Rolle, etwa um Nestgenossinnen von fremden Bienen zu unterscheiden. Aber der Trick mit der duftenden Wegemarkierung kann bei ihnen nicht funktionieren, denn Bienen fliegen zu ihren Futterpflanzen. Wenn eine von ihnen auf einem ihrer Erkundungsflüge eine neue Futterquelle gefunden hat, zum Beispiel einen gerade aufgeblühten Kirschbaum, dann muss sie die gute Neuigkeit aber trotzdem ihren Kolleginnen im Nest mitteilen. Bienen nutzen dafür eine ganz spezielle Sprache, die der deutsche Verhaltensforscher Karl von Frisch vor über 60 Jahren entdeckte. Frisch beobachtete, dass die Entdeckerbiene nach ihrer Rückkehr in den heimischen Bau immer wieder in Form einer Acht über die Bienenwaben läuft und dabei wie wild ihr Hinterteil schüttelt. Er fand schließlich heraus, was dieser sogenannte Schwänzeltanz bedeutet: Aus seiner Richtung und aus der Intensität, mit der die Biene dabei den Hinterleib schüttelt, können die anderen Bienen ablesen, in welcher Richtung und Entfernung das Futter zu finden ist, und machen sich sofort auf den Weg. An vielen langen Sommertagen, an denen er vor geöffneten Bienenstöcken hockte und das Verhalten der Tiere genau beobachtete, entschlüsselte von Frisch die Schwänzelsprache der Bienen. Und die funktioniert so: Der Tanz findet auf den senkrecht im Nest hängenden Waben statt, die die Tänzerin zu einer Art Landkarte verwandelt. Bei menschlichen Karten ist die Himmelsrichtung Norden traditionell nach oben ausgerichtet, die Bienen halten es jedoch anders: Bei ihnen symbolisiert »oben« die Richtung, in der gerade die Sonne steht – morgens im Osten, mittags im Süden und abends im Westen. Entscheidend ist nun, in welcher Richtung die Biene läuft, während sie in ihrem Tanz den Hinterleib schüttelt (man sagt auch »schwänzelt«), denn das geschieht nur auf dem Mittelteil der etwas plattgedrückten »8«. Der Winkel, in dem diese kurze Schwänzelstrecke von der Senkrechten nach oben abweicht, gibt den anderen Bienen an, in welchem Winkel im Verhältnis zum Stand der Sonne sie fliegen müssen, um die Futterquelle zu erreichen. Schwänzelt die Biene also zum Beispiel genau nach oben, dann bedeutet das »Fliegt genau in Richtung Sonne«, tanzt sie genau nach rechts auf der hängenden Wabe, so bedeutet es »Fliegt im Neunzig-Grad-Winkel nach rechts, so dass die Sonne immer genau links von euch steht«. Welche Himmelsrichtung das dann für uns Menschen ist, hängt von der Tageszeit ab. Aber das kann den Bienen ja auch völlig egal sein. Vermutlich können sich die Bienen auch noch mitteilen, wie weit die Nahrungsquelle entfernt ist, je nachdem, wie lange die Tänzerin schwänzelt, bevor sie kehrt macht und den Tanz wiederholt. Aber ob und wie genau diese Entfernungsangabe funktioniert, darüber streiten sich Bienenforscher bis heute.

So oder so: Der Schwänzeltanz der Bienen ist auf jeden Fall ein erstaunlich raffiniertes Kommunikationssystem, auch wenn er wie die Duftsprache der Ameisen nur in einem ganz bestimmten Zusammenhang funktioniert, der Futtersuche. Aber zumindest die Richtung und vermutlich auch die Entfernung des Futters lassen sich mit der Tanzsprache der Bienen sehr flexibel ausdrücken. Auf Deutsch entspräche das immerhin Sätzen im Telegrammstil wie »Futter, hundert Meter, Richtung Südwest!«.

Angeber ...

Das ist schon mehr, als die meisten anderen Tiere überhaupt mitteilen können. Doch so einfach viele Botschaften im Tierreich auch sind, umso beeindruckender ist die Vielfalt der Methoden, mit denen sie sich diese zusenden.

Die Männchen vieler Vogelarten etwa geben mit grellen Farben und lauten Rufen eigentlich immer wieder nur das Signal »Hier bin ich!«. Was dieser meistgesagte Satz im Tierreich konkret bedeutet, hängt davon ab, wer ihn hört. In den Ohren eines anderen Männchens klingt er wie »Verschwinde aus meinem Revier, sonst setzt's was!« Für ein Vogelweibchen ist das Gezwitscher dagegen eine freundliche Einladung, sich den möglichen Ehemann und seinen Nestbauplatz genauer anzusehen.

Extremen Aufwand betreiben dafür die Paradiesvögel auf der nordöstlich von Australien gelegenen Insel Papua-Neuguinea. In tagelangen Tänzen präsentieren sie ihren verrückten Federschmuck und füllen den Urwald mit ihrem Geschrei, und das alles nur, um ihren unauffällig braunen Weibchen zu gefallen. Sprichwörtlich auffallend wie ein Paradiesvogel zu sein, ist allerdings nicht ganz ungefährlich. Denn das Balzgehabe bekommen nicht nur die Weibchen mit, sondern auch Raubtiere, für die die verliebten Vogelmänner eine leichte Beute sind. Biologen glauben, dass gerade dies auch Teil der Nachricht an die Weibchen ist: »Sieh her, ich bin derart schnell und geschickt, dass ich mir erlauben kann, wie ein Paradiesvogel auszusehen, und trotzdem nicht gefressen werde.«

… und Lügner

Aufzufallen kann aber auch vor Räubern schützen. Mit ihren gelbschwarzen Ringeln sagt die Wespe etwa: »Lass mich in Ruhe, sonst stech' ich!« Versuche mit unerfahrenen Fröschen beweisen, dass diese schon nach der ersten schmerzhaften Bekanntschaft mit einer Wespe ihre Finger (in diesem Fall besser gesagt: ihre Zunge) von allem lassen, was schwarzgelb gestreift

ist. Das wiederum nutzen andere Insekten wie die Schwebfliege, indem auch sie Räuber mit einer gelbschwarzen Warnung abschrecken. Dabei besitzen Schwebfliegen in Wirklichkeit gar keinen Stachel, die harmlosen Fliegen schicken mit ihrem Wespenkostüm also eine Lüge in die Welt.

Gelehrige Zebrafinken ...

Wie und was auch immer Tiere kommunizieren – in den meisten Fällen handelt es sich dabei um ein weitgehend angeborenes Verhalten. Jeder Hund der Welt fletscht seine Zähne und knurrt, wenn er sauer ist, er muss das nicht erst von seiner Mutter lernen.

Eine Ausnahme sind viele Singvögel. Sie lernen ihre Gesänge von ihren Eltern, fast so wie ein Kleinkind die Sprache. Junge Zebrafinken zum Beispiel halten in den ersten 30 Tagen ihres Lebens erst einmal ihren Schnabel und hören aufmerksam Papa und Mama zu. Wenn sie dann selbst mit dem Zwitschern beginnen, sind die Strophen noch kurz und abgehackt – der Jungfink muss erst noch einige Wochen zuhören und üben, viel üben. Am Ende dieser Ausbildungsphase hat er schließlich sein eigenes Lied entwickelt, das sich mit den ausgefeilten Gesängen seiner Artgenossen messen kann.

Weil die Gesänge sich von Generation zu Generation ein bisschen verändern, bilden sich sogar regionale Dialekte. Geübte Vogelkundler können am Gesang erkennen, ob eine Nachtigall aus Bayern stammt oder in Norddeutschland aus dem Ei schlüpfte.

Ähnliches haben Forscher übrigens auch über die Gesänge

der Buckelwale herausgefunden. Wale, die im Atlantischen Ozean leben, singen anders als ihre Artgenossen im Pazifik. Welche Informationen die als besonders intelligent geltenden Meeresriesen mit ihren Gesängen austauschen, weiß man leider nicht genau. Vermutlich sind die Lieder einfach eine weitere Art, sich gegenseitig mitzuteilen, wer gerade wo ist.

… und beredte Meerkatzen

Es gibt aber auch Beispiele, in denen Tiere Laute ähnlich benutzen wie wir unsere Wörter. Am bekanntesten sind die Alarmrufe von Meerkatzen, kleiner afrikanischer Affen, die in größeren Gruppen von bis zu 80 Tieren zusammenleben. Wenn ein Tier aus einem Meerkatzen-Trupp ein Raubtier entdeckt hat, warnt es die anderen mit lauten Rufen. Das machen viele Tiere, zum Beispiel auch die Amseln im Garten, die wild loszetern, wenn ihnen eine Katze zu nahe kommt. Doch Meerkatzen schimpfen nicht einfach nur herum. Sie benutzen unterschiedliche Alarmrufe, je nachdem, von welchem Raubtier Gefahr droht. Ihre Artgenossen wissen dann auch genau, was gemeint ist, und verhalten sich entsprechend. Hören sie den »Achtung Schlange!«-Alarmruf, so stellen sie sich auf die Hinterbeine und suchen das Gras nach dem gefährlichen Reptil ab. Beim Warnruf vor Leoparden klettern sie in die äußersten Zweigspitzen eines Baums, in die ihnen die Raubkatze nicht folgen kann. Und bei »Adler-Alarm« suchen die Meerkatzen Deckung im nächsten Gebüsch.

Erst vor kurzem fanden Affenforscher heraus, dass zumindest die Weißnasen-Meerkatze noch mehr kann. Diese Affen warnen mit einem Laut, der mit sehr viel Phantasie wie »Püooh« klingt, vor Leoparden, ein abgehacktes »Hack« bedeutet »Adler«. Das Besondere: Weißnasen-Meerkatzen haben zwar nicht viele verschiedene Laute, aber sie können sie mit ganz neuer Bedeutung kombinieren. Auf den Ruf »Püooh-Hack« reagieren die Tiere nicht etwa mit panischer Angst vor einem gleichzeitigen Angriff von Adler und Leopard. Vielmehr laufen sie gemütlich auf den Rufer zu – offenbar bedeutet »Püooh-Hack« so etwas wie »Hey Leute, kommt mal alle her!«.

Sprichst du schon, oder kommunizierst du noch?

»Tierische Kommunikation« ist also ein sehr weit gefasster Begriff: Laute, Farben und Federn, Gesichtsausdrücke wie beim zähnefletschenden Hund und Bewegungen (die als sogenannte Körpersprache auch beim Menschen eine Rolle spielen) – sie alle können dem Gegenüber wichtige Informationen vermitteln. Doch in den meisten Fällen besteht diese »Tiersprache« eben nur aus einer ziemlich begrenzten Zahl feststehender Signale, die immer das Gleiche bedeuten: »Hier bin ich!«, »Hau ab, sonst gibt's was auf den Schnabel«, oder »Hallo Süße, willst du nicht mal mein Nest anschauen?«. Das kann menschliche Sprache auch, aber eben auch noch sehr viel mehr.

Tiere haben also keine Sprache, zumindest nicht in dem Sinne, wie wir normalerweise diesen Begriff verwenden. Aus diesem Grund kann sich auch der Wunschtraum des Menschen nie erfüllen, mit Tieren zu sprechen, wie es Mowgli oder Dr. Doolittle machen.

Die Tierversteher

Was hat Rex da gerade gebellt? Ein Blick auf »Bow Lingual« ge-
nügt: »Wenn Du Dich jetzt nicht um mich kümmerst, dann bin
ich eingeschnappt«, wollte der Hund uns mitteilen. »Bow Lingual« ist ein kleines elektronisches Gerät, das angeblich das
Bellen eines Hundes in menschliche Sprache übersetzen kann
und das sich in Japan und den USA seit einigen Jahren bestens verkauft. Inzwischen gibt es das Übersetzungsprogramm
des Geräts sogar als sogenannte App, also als Software für das
iPhone-Handy.

Aber was ist wirklich dran an dem elektronischen Hunde-
übersetzer? Einen ersten Hinweis liefert der Blick auf die anderen Angebote des Programmierers, der ausgerechnet Ronald
Bell heißt: Es handelt sich vor allem um kleine Späße wie »In-
stant Fart«, einen elektronischen Pups aus dem Mobiltelefon,
der das althergebrachte Pupskissen ersetzt. Etwas ernsthafter
ist »Bow Lingual« dann doch.

Bei genauerem Hinsehen wird klar, dass das Gerät zwar
auch keine Hundesprache kann (die gibt es wohl auch nicht),
aber immerhin zwischen sechs verschiedenen Gefühlszustän-
den des Hundes unterscheiden kann. Es erkennt also beispiels-
weise, ob der Hund sauer ist (»Lass das, ich hasse das«) oder
spielen will.

Dafür braucht ein Hundehalter allerdings kein teures Elek-
tronikspielzeug. Mit etwas Erfahrung kann man natürlich auch
als Mensch lernen, solche Signale von Tieren zu verstehen.
Wenn ein Hund den Schwanz zwischen die Hinterbeine klemmt

und die Zähne fletscht, weiß jedes Kind, dass Vorsicht angesagt ist; Meerkatzenforscher hören sofort, wovor die Tiere Angst haben. Je mehr man sich mit einem Tier beschäftigt, desto besser wird das Gefühl dafür, was kleine Laute, ein Zucken des Schwanzes oder ein bestimmter Gesichtsausdruck bedeuten. Manche Menschen werden darin zu richtigen Experten.

Einer davon ist der Amerikaner Monty Roberts, der als »Pferdeflüsterer« bekannt wurde. Roberts beobachtete sehr genau die Signale von Wildpferden, mit denen sich diese untereinander zu verstehen geben, ob sie nervös, ängstlich, sauer oder entspannt sind. Aus dem, was er dabei lernte, entwickelte Roberts eine Methode, mit der er das Vertrauen auch der scheuesten Pferde gewinnt. Dass er aber wirklich mit den Pferden spricht, ist eine Legende. Roberts kann durch sein enges Zusammenleben mit Pferden und lebenslange Erfahrung deren Körper-»Sprache« einfach besonders gut deuten und weiß, wie er sich in brenzligen Situationen verhalten muss.

Elektronische Hundeversteher und Pferdeflüsterer machen nur noch mal deutlich: Tiere können mit den unterschiedlichsten Signalen eine Menge mitteilen, aber der Unterschied zur menschlichen Sprache bleibt riesengroß.

Wenn Tiere sprechen lernen

Von selbst haben Tiere also offenbar nichts erfunden, was der Sprache des Menschen mit ihren Silben, Wörtern und Sätzen, Vergangenheits-, Zukunfts- und Konditionalformen und ihrer komplizierten Grammatik nahe kommt.

Aber auch der Mensch lernt seine Sprache ja nicht einfach so – er lernt sie als Baby von seinen Eltern und paukt später in der Schule jahrelang die Feinheiten von Wortschatz und Grammatik. Wie wäre es also, wenn man auch Tiere in die Sprachschule schickt?

Im Prinzip ist das genau das, was auf einer Hundeschule passiert. Dort lernt der Hund, die Kommandos »Sitz!«, »Lieg!« oder »Komm her!« zu befolgen. Ein bisschen wie Sprache ist das schon. Aber ein Kind, das nur »Iss auf!«, »Schlaf ein!« oder »Lass das!« versteht und als einzige Antwort freundlich bellt, würden die besorgten Eltern ganz schnell zum Arzt bringen.

Ein paar Befehle machen eben noch keine Sprache. Mit der Frage, wie weit man Tieren darüber hinaus die Feinheiten der menschlichen Sprache beibringen kann, beschäftigen sich Forscher seit vielleicht 40 Jahren.

Mit Händen und Füßen: Koko

Die meisten Versuche dieser Art konzentrierten sich auf die nächsten Verwandten des Menschen, die Menschenaffen. 1972 begann die Amerikanerin Penny Patterson damit, dem Gorillamädchen Koko die amerikanische Gebärdensprache beizubringen. Damit umging sie schon mal ein großes Problem, das viele Tiere mit dem Sprechen haben: Ihr Maul ist einfach nicht dazu geeignet, die gleichen Laute zu erzeugen wie der Mund eines Menschen.

Heute ist Koko Ende Dreißig, für Gorillaverhältnisse eine alte Dame. Sie beherrscht mehr als 1000 Gebärdenzeichen und plaudert damit über Gefühle, ihre Pläne für die nächsten Tage und Zahnschmerzen. Das berichtet zumindest Penny Patterson. Viele ihrer Kollegen halten die Forscherin allerdings für ein bisschen durchgedreht und vermuten, dass sie aus lauter Zuneigung zu ihrer Affenfreundin mehr Dinge in deren Gebärden hineinliest, als es da in Wirklichkeit zu lesen gibt.

Bildhafte Sprache: Kanzi

Überzeugender sind die Sprachfähigkeiten eines anderen Affen: Kanzi. Der fünfundzwanzig Jahre alte Zwergschimpanse kommuniziert seit Kindertagen mit seiner Betreuerin Sue Savage-Rumbaugh, indem er auf Tafeln oder Bildschirmen sogenannte Lexigramme antippt. Das sind kleine Bildsymbole, die jeweils für ein bestimmtes Wort wie »Banane« oder »gut« stehen, dabei aber nicht im Geringsten wie eine Banane aussehen – man spricht deshalb von abstrakten Symbolen. Inzwischen kann Kanzi knapp 400 Lexigrammen einen bestimmten Begriff zuordnen. Will er zum Beispiel eine Banane, so drückt er nacheinander die Symboltasten für »Kanzi«, »Banane« und »essen« – um das korrekte Konjugieren von Verben muss er sich dabei nicht kümmern.

Um selbst Sprache zu verstehen, braucht Kanzi dagegen

keine Symbole: Wenn man mit ihm Englisch spricht, versteht er es nach Meinung seiner Betreuerin etwa so gut wie ein Kleinkind von zweieinhalb Jahren. Damit kann er auch komplett neue und unerwartete Anweisungen wie »Kanzi, lege den roten Ball in den Kühlschrank« verstehen und ausführen. Für einen Menschen von 25 Jahren wäre das zwar ein extrem unterentwickeltes Sprachvermögen, aber immerhin: Anders als die meisten Tiere kann Kanzi aus einem begrenzten Vorrat an Wörtern fast

unendlich viele neue Sätze erfinden und verstehen. Und damit wäre eine der lange als einzigartig geltenden Eigenschaften der menschlichen Sprache auch bei einem Affen zu finden.

Der will nur spielen: Rico

Von solchen schon relativ komplizierten Sätzen mit Subjekt, Objekt, Adjektiven und Verben sind die meisten Hunde mit ihren Ein-Wort-Kommandos weit entfernt. Aber auch bei ihnen scheint es einige besonders Sprachbegabte zu geben.

Richtig berühmt wurde der Border-Collie Rico, der 1999 in der Fernsehshow »Wetten, dass …« auftrat. Die Wette lautete, dass es Rico schaffen würde, aus seinen 75 verschiedenen Stoffspielsachen immer das herauszusuchen, das sein Frauchen ihm genannt hatte. Der Hütehund gewann die Wette und wurde zum Paradebeispiel für einen klugen Hund. Inzwischen kennt Rico schon über 250 Gegenstände mit ihrem Namen – mehr als Kanzi. Dafür scheint es aber mit Ricos Verständnis für andere Wortformen wie Verben oder Adjektive nicht weit her zu sein. Anders als Kanzi kann er deshalb auch nicht einmal einfache Sätze zusammenbasteln.

Dafür haben Wissenschaftler vom Leipziger Max-Planck-Institut für evolutionäre Anthropologie Ricos Fähigkeiten genauer unter die Lupe genommen und herausgefunden, wie der Hund neue Begriffe erlernt. Präsentiert man ihm zusammen mit mehreren bekannten Spielsachen einen neuen Gegenstand und nennt einen unbekannten Namen, so kombiniert Rico ganz richtig, dass das neue Wort den neuen Gegenstand bezeichnet – eine Strategie, die man auch von Kleinkindern kennt.

Frau Pepperberg hat einen Vogel

Lange Zeit dachte man, dass bestenfalls Affen schlau genug sind, um unsere Sprache zu erlernen. Umso erstaunter waren viele Tierforscher, als die Amerikanerin Irene Pepperberg vor über zwanzig Jahren zum ersten Mal von Alex und seinen beachtlichen Sprachfähigkeiten berichtete. Denn Alex war ein Vogel, genauer gesagt ein Graupapagei. Von Papageien weiß zwar jedes Kind, dass sie menschliche Laute nachahmen können. Aber normalerweise ging man davon aus, dass sie dabei wie Hoover, der Seehund, nur nachplappern, was andere ihnen vorsagen, und die Bedeutung des Gesagten nicht verstehen.

Dass Papageien überhaupt menschliche Laute aus ihrem Schnabel herausbringen können, war tatsächlich schon mal einer der Gründe, warum Pepperberg sie sich als Versuchstiere aussuchte. Sie erkannte auch, dass die Papageien durchaus keine dummen Hühner sind und den nötigen Grips für ihre Sprachstudien mitbrachten. Nach jahrelangem Training konnte Alex nicht nur über fünfzig verschiedene Gegenstände, sieben Farben und fünf geometrische Formen benennen, er verstand auch die Bedeutung der Gegensatzpaare »größer« und »kleiner«, »anders« und »gleich« und »drüber« und »drunter«.

Insgesamt hatte Alex einen Wortschatz von 150 Wörtern, die er eben nicht einfach nur so daherplapperte. Der Vogel verstand tatsächlich, wovon man sprach: Wenn man ihm zum Beispiel einen neuen Gegenstand zeigte, konnte er korrekt sagen, aus welchem Material dieser war und welche Form und Farbe er hatte. Wenn Pepperberg ihm einen roten und einen grünen Schlüssel zeigte und ihn ganz allgemein fragte, worin der Unterschied zwischen den beiden liege, so antwortete Alex in krächzigem, aber gut verständlichen Englisch: »Farbe!« Nebenbei zählte der kluge Vogel noch bis sechs und konnte einfache Rechenaufgaben lösen. Und wenn er mal keine Lust auf die Experimente hatte, forderte er entweder eine Nuss als Bezahlung für seine Mühen oder sagte einfach »Will zurück!« und kletterte wieder in seinen Käfig.

Irene Pepperberg ist überzeugt, dass Alex noch viel mehr hätte lernen können. Doch am Morgen des 6. September 2007 lag der Graupapagei tot in seinem Käfig. Wie die tierärztliche Untersuchung des toten Vogels ergab, hatte er unter Arterienverkalkung gelitten und vermutlich einen Herzinfarkt gehabt – und das mit gerade mal 31 Jahren, für einen Graupapagei eigentlich kein Alter. Am Abend zuvor hatte er ihr noch wie immer gesagt: »Benimm dich, wir sehen uns morgen, ich liebe dich.«

Mangelndes Mitteilungsbedürfnis

Alex, Koko, Kanzi und Rico sind zweifellos besonders kluge Tiere. Doch ist das, was sie können, vergleichbar mit der Sprache des Menschen? Eine ganz eindeutige Antwort kann es wohl nicht geben, weil diese immer davon abhängt, was genau man unter »Sprache« versteht. Deshalb lässt sich darüber auch wunderbar streiten. Viele Forscher, vor allem die aus der klassischen Sprachwissenschaft, betonen die Besonderheiten der menschlichen Sprache, die diese so einzigartig machen. Die anderen halten dagegen, dass die Unterschiede in Wirklichkeit gar nicht so groß sind und man für jede angeblich einzigartig menschliche Sprachfähigkeit Beispiele aus den Studien mit Tieren finden könne: Rico ist Meister im Vokabellernen, Kanzi kann einfache Sätze formen, Meerkatzen kombinieren Wörter zu neuen Bedeutungen. All das sind Fähigkeiten, von denen man lange sagte, nur der Mensch allein beherrsche sie – bis ein Forscher etwas genauer hinsah und sie auch bei Tieren fand.

Andererseits: Auch wenn viele Tierarten eine ganze Menge der Zutaten besitzen, die zusammen unsere menschliche Sprache ausmachen, und auch wenn es Kanzi oder Alex mit viel Hilfe und Training in Sachen Sprache erstaunlich weit gebracht haben, so scheint ihnen in der Natur doch etwas Entscheidendes zu fehlen: das menschliche Mitteilungsbedürfnis.

Wie stark dieser Drang in uns ist, Erlebtes und Gesehenes miteinander zu teilen, sieht man am besten an kleinen Kindern: Andauernd zeigen sie auf irgendetwas Interessantes (zumindest finden sie es interessant), sagen begeistert »Guck ma!« und freuen sich, wenn man ihre Begeisterung mit ihnen teilt. Und wenn sie etwas älter sind und schon ein bisschen sprechen können, fragen sie ihren Eltern und Geschwistern oft ein Loch in den Bauch oder erzählen in einer Tour Geschichten – sie lieben es einfach, sich mit anderen mit Hilfe von Sprache auszutauschen. In letzter Zeit glauben immer mehr Forscher auf dem Gebiet der tierischen und menschlichen Kommunikation, dass der entscheidende Unterschied vom Tier zum Menschen eben das Fehlen dieses ausgeprägten Mitteilungsbedürfnisses ist – und nicht etwa ein Mangel an Intelligenz, ein zur Erzeugung von Sprachlauten ungeeigneter Mund oder was auch sonst alles diskutiert wurde.

Eine mögliche Erklärung für ihr mangelndes Mitteilungsbedürfnis könnte sein, dass den meisten Tieren auch unsere ausgeprägte Fähigkeit abgeht, sich in andere hineinzuversetzen.

Ein Affe, der sich nie fragt, was ein anderer Affe weiß und was nicht, hat auch kein Interesse, diesem etwas mitzuteilen oder von ihm etwas zu erfahren. Eigentlich ist das erstaunlich, denn wie wir am Anfang dieses Kapitels gesehen haben, hat sich der sprachliche Austausch von Informationen und Gedanken für den Menschen sehr bewährt – ohne Sprache hätte sich der Mensch nie so erfolgreich über die gesamte Erde verbreiten können. Warum im Laufe von Jahrmillionen von Evolution nicht auch andere sozial zusammenlebende Tiere das phantastische Kommunikationsmittel Sprache erfunden haben und wie gerade unsere Vorfahren irgendwann in den letzten paar Millionen Jahren den Bogen heraus bekamen und zu sprechen begannen, bleibt eines der spannendsten Rätsel der Wissenschaft.

Fürs Erste gilt aber: So wie wir Menschen untereinander werden sich Mensch und Tier in der absehbaren Zukunft nicht unterhalten können. Trotzdem sind die meisten Menschen, die Kanzi, Koko, Alex oder einen ihrer sprachbegabten Artgenossen kennengelernt haben, davon begeistert, wie weit die Verständigung mit den Tieren gehen kann – ob man es nun Sprache nennt oder nicht.

Kapitel 3

Tiere können vielleicht nicht sprechen, aber sind sie deshalb auch dumm und gefühllos? Lange Zeit waren Gelehrte davon überzeugt. Erst in den letzten 50 Jahren untersuchen Biologen die Geistesleistungen von Tieren genauer. Dabei finden sie die erstaunlichsten Fähigkeiten, die man zuvor nur dem Menschen zugetraut hatte.

Intelligente Tiere

Der Mensch ist unter allen Lebewesen etwas ganz Besonderes. Vor allem besonders eingebildet darauf, wie besonders er ist. Jahrtausende sah er sich als Auserwählter der Schöpfung, als Ebenbild Gottes mit dem Auftrag, sich die Erde untertan zu machen und »über alles Getier, das auf Erden kriecht« zu herrschen, wie es im Alten Testament geschrieben steht. Tiere galten als seelenlose Lieferanten für Milch, Wolle und Fleisch, und wer als Gelehrter auch nur darüber nachdachte, ob sie zu Gedanken und Gefühlen fähig seien, machte sich unter den Kollegen zum Gespött.

Der lange Weg zum denkenden Tier

Dann kam vor gut 150 Jahren Charles Darwin mit seinem Buch über »Die Entstehung der Arten durch natürliche Zuchtwahl«. Darwin zufolge stammen alle Tierarten von einem gemeinsamen Vorfahren ab, aus dem sie sich im Laufe vieler Millionen Jahre biologischer Evolution entwickelt haben. Am Anfang standen demnach Einzeller, aus denen sich zunächst einfachere Lebensformen entwickelten, die unseren heutigen Würmern und Schnecken ähnlich waren. Aus ihnen entwickelten sich nach und nach die verschiedenen Hauptäste des sogenannten »Stammbaum des Lebens«, zum Beispiel die Insekten oder die Wirbeltiere, zu denen auch wir gehören. Die ersten fischartigen Wirbeltiere verästelten sich wiederum in eine Reihe von Untergruppen wie Säugetiere oder Echsen und innerhalb der Säugetiere entwickelte sich ein kleines Ästchen zur Gruppe der Affenartigen, von denen ein winziges Zweiglein zu uns Menschen wurde.

Das war eine Vorstellung, über die sich viele von Darwins Zeitgenossen maßlos aufregten. Denn sie widersprach der strengen Auslegung der Bibel durch die Kirche, nach der alle bestehenden Tier- und Pflanzenarten vor ein paar tausend Jahren von Gott erschaffen wurden. Noch schlimmer: Der Mensch war in Darwins Weltbild plötzlich nicht mehr die Krone der Schöpfung, sondern nur eine von vielen sich andauernd verändernden Tierarten, ein Cousin des Schimpansen – und wer lässt sich schon gern zum Affen machen?

Darwin, der zu Recht als einer der genialsten Naturforscher aller Zeiten gilt, machte sich auch schon ausgiebig Gedanken über die Intelligenz von Mensch und Tier. Den Unterschied hielt er nicht für so grundlegend wie die meisten seiner Kollegen. »Es kann keinen Zweifel geben, dass der Abstand zwischen dem Geist des dümmsten Menschen und dem des klügsten Tieres immens ist. Und doch ist dieser Unterschied sicher nur gradueller Natur«, schrieb er 1871. Wenn, so seine Überlegung, der Mensch ein Ergebnis der Evolution ist, so muss sich auch seine hohe Intelligenz nach und nach entwickelt haben und intelligentes Verhalten sollte sich mehr oder minder ausgeprägt auch bei anderen Tieren finden lassen.

Selbst Würmer seien kleine Denker, glaubte der große Gelehrte, der sich Jahre später ausgerechnet auf die Erforschung der Regenwürmer in seinem Garten spezialisierte. Darwin beobachtete, wie sich die Tiere aus einer Auswahl unterschiedlich zerfallener Blätter das passende Material zum Verschließen ihrer unterirdischen Wohnröhren aussuchen. »Dass sich auch bei ihnen ein gewisser Grad an Intelligenz zeigt, hat mich mehr als alles andere über Würmer in Erstaunen versetzt.«

Doch damit war Darwin seiner Zeit noch weiter voraus als mit seiner Evolutionstheorie. Hundert Jahre später hatte man sich damit abgefunden, dass Mensch und Schimpanse vom selben Vorfahr abstammen. Dieser Urzeitaffe lebte, wie wir heute wissen, vor rund sechs Millionen Jahren irgendwo in Afrika – eigentlich keine besonders lange Zeit, wenn man bedenkt, dass die Dinosaurier schon gut zehn Mal so lange von der Erde verschwunden sind (65 Millionen Jahre) oder dass Haie schon seit über 300 Millionen Jahren durch die Meere schwimmen.

Aber obwohl wir evolutionär noch gar nicht so weit vom Schimpansen entfernt sind, hielten die meisten Forscher Mitte des 20. Jahrhunderts trotzdem ausschließlich den Menschen für intelligenzbegabt. Tiere waren für sie Automaten, die auf be-

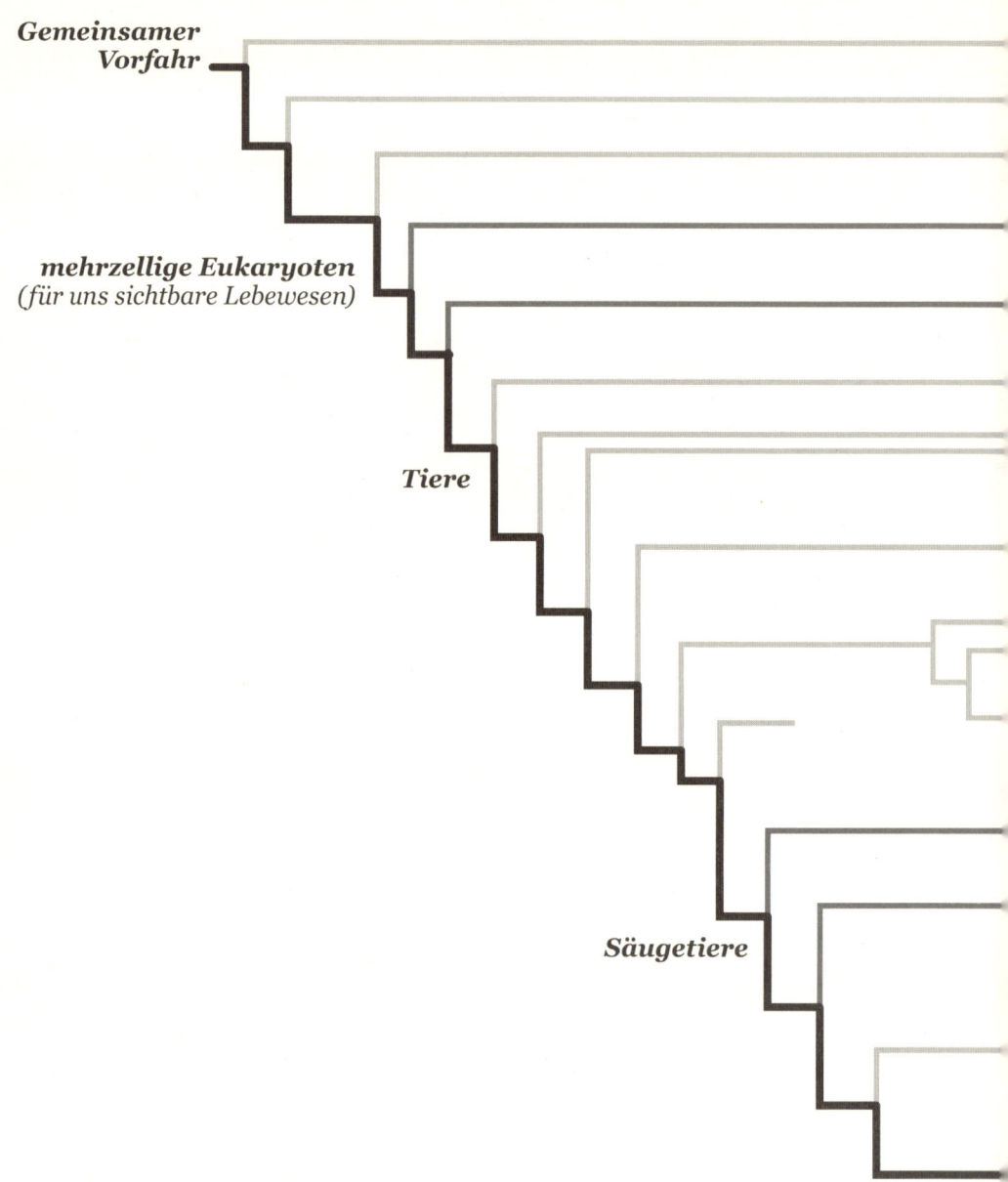

Gemeinsamer Vorfahr

mehrzellige Eukaryoten
(für uns sichtbare Lebewesen)

Tiere

Säugetiere

Primaten

Der Stammbaum des Lebens

Egal ob Mensch, Maus oder Muschel – alles Leben auf der Erde ist miteinander verwandt. Wie die Verwandtschaftsverhältnisse im Einzelnen aussehen, lässt sich schön mit Stammbäumen wie diesem zeigen. Er konzentriert sich vor allem auf die Entwicklungslinie zum modernen Menschen (Homo sapiens) und seine nächsten Cousins und Großcousins.

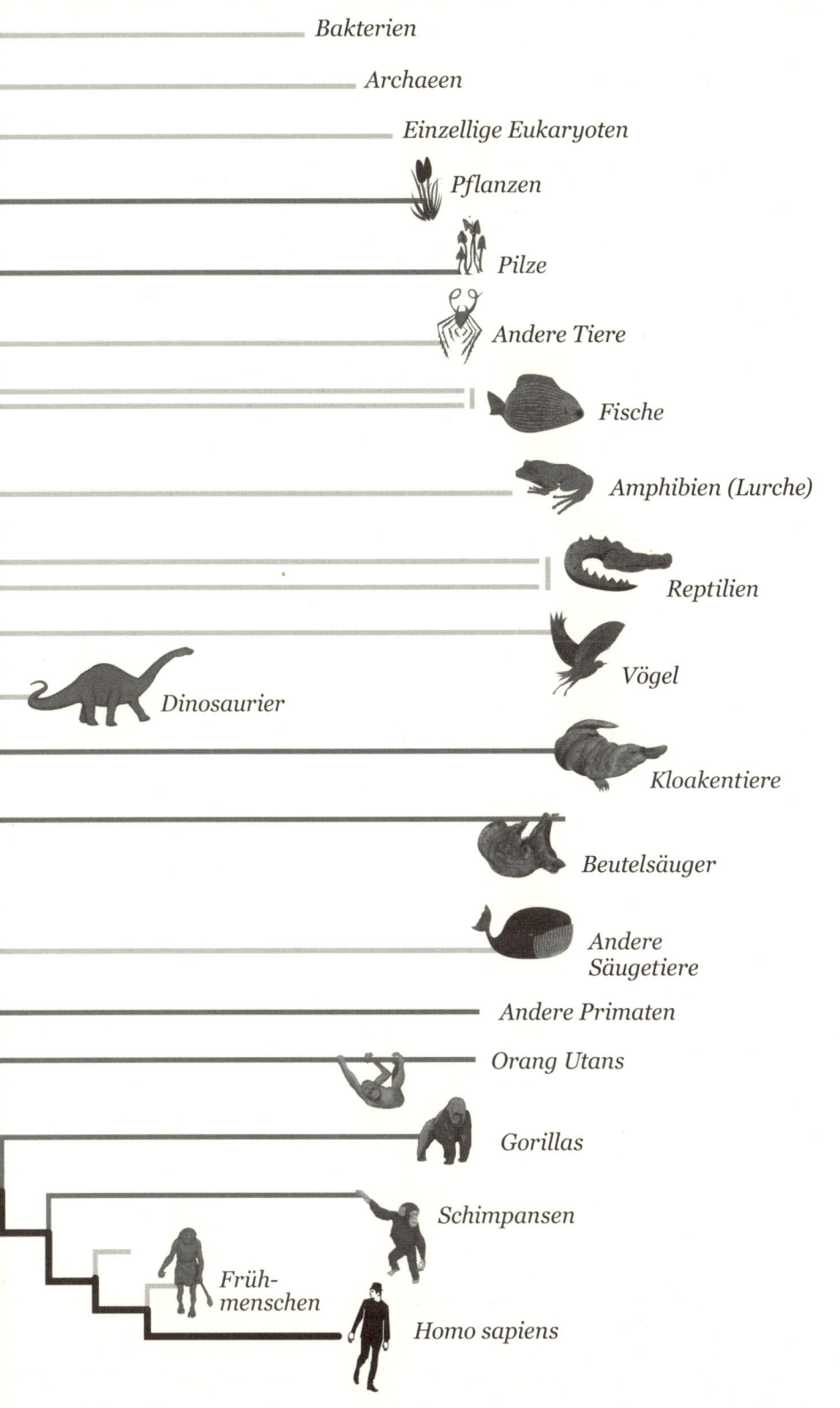

Bakterien

Archaeen

Einzellige Eukaryoten

Pflanzen

Pilze

Andere Tiere

Fische

Amphibien (Lurche)

Reptilien

Vögel

Dinosaurier

Kloakentiere

Beutelsäuger

Andere
Säugetiere

Andere Primaten

Orang Utans

Gorillas

Schimpansen

Früh-
menschen

Homo sapiens

stimmte Reize mit bestimmten Verhaltensweisen reagieren, über deren Sinn oder Unsinn sie aber nicht nachdenken können.

Für viele Tierarten stimmt das vermutlich auch: Eine Qualle, die langsam durchs Meer wabert, macht sich wahrscheinlich keine Gedanken und reagiert auf ihre Umwelt nur mit wenigen, angeborenen Verhaltensweisen, etwa wenn sie ihre Tentakel einzieht, sobald etwas Fressbares daran hängen bleibt. Doch bei komplexeren Lebewesen, allen voran den Wirbeltieren, finden Verhaltensbiologen in den letzten Jahrzehnten die verblüffendsten Verhaltensweisen, die nur einen Schluss zulassen: Wir sind nicht die einzigen intelligenten Wesen auf der Welt.

Menschliche Intelligenz

Zunächst müssen wir uns aber mal einige kluge Gedanken zu der Frage machen: Was bedeutet überhaupt Intelligenz? Ganz grob bezeichnet man damit die Fähigkeit zu denken, also Wissen zu sammeln, Zusammenhänge zu verstehen, Gelerntes auf andere Situationen zu übertragen und auf diese Weise Probleme zu lösen – auch solche, denen wir noch nie begegnet sind.

Intelligenz ist also eine ziemlich komplexe Angelegenheit. Psychologen sind aber auch nur Wissenschaftler und wollen deshalb am liebsten alles in Zahlen ausdrücken. Darum haben sie sich ein Maß der Intelligenz ausgedacht, den sogenannten Intelligenzquotienten (IQ), den man mit Hilfe von Intelligenztests ermitteln kann. Erreicht man dabei genauso viele Punkte wie der Durchschnitt aller getesteten Menschen, so hat man einen IQ von 100. Wer einen höheren Wert erreicht, darf sich für überdurchschnittlich intelligent halten, wer darunter liegt, ist eher dumm.

Soweit die Theorie. In der Praxis ist es allerdings nicht so einfach. Es gibt eine ganze Reihe unterschiedlicher Intelligenztests, in denen man alle möglichen Textaufgaben oder Bilderrätsel lösen, sein Gedächtnis strapazieren oder Zahlenreihen richtig fortsetzen muss. Experten sind sich aber absolut nicht einig, welcher dieser Tests nun welche Art von Intelligenz am besten misst und was das dann mit dem zu tun hat, was man als normaler Mensch eben so als »schlau« und »dumm« bezeichnet. Und viele Psychologen finden solche Tests überhaupt komplett unsinnig, weil dabei alle möglichen Arten von Intelligenz in einen Topf geworfen werden. So muss jemand, der gut im Rechnen ist, noch lange keine hohe sprachliche Intelligenz besitzen, also gut mit Sprache umgehen können. Und auch räumliche, logische, emotionale und all die anderen Arten von Intelligenz, die Psychologen unterscheiden, lassen sich kaum alle gleichzeitig mit nur einem Test messen und als IQ-Wert ausdrücken.

Tierische Intelligenz

»Intelligenz« ist also schon beim Menschen ein schwer fassbarer Begriff. Noch problematischer wird es, wenn man ihn auf Tiere anwenden und nachher deren Intelligenz mit der von Menschen vergleichen will.

»Hunde sind so schlau wie Kleinkinder« stand im Sommer 2008 in einem Artikel im Nachrichtenmagazin »Der Spiegel« – das ist zwar ein anschaulicher Vergleich, und wenn man sich ganz bestimmte Fähigkeiten herauspickt, mag er sogar stimmen. In dem Artikel kommt als Beispiel Rico vor, der Border-Collie aus dem Kapitel über Sprache mit seinen 250 Wörtern für unterschiedliche Spielsachen. Das entspricht in etwa dem Wortschatz eines zweijährigen Kindes. Aber kann man deshalb sagen, dass beide gleich schlau sind?

Es ist wie mit dem sprichwörtlichen Vergleichen von Äpfeln und Birnen. Das kann man durchaus machen, solange es darum geht, dass die einen eher rund und knackig, die anderen dagegen eher weich und, nun ja, birnenförmig sind. Das Sprichwort, nachdem man die beiden nicht vergleichen kann, meint aber etwas anderes: dass man Merkmale, die einen guten Apfel ausmachen (zum Beispiel Knackigkeit) nicht auf Birnen anwenden kann (die nur knacken, wenn sie noch völlig

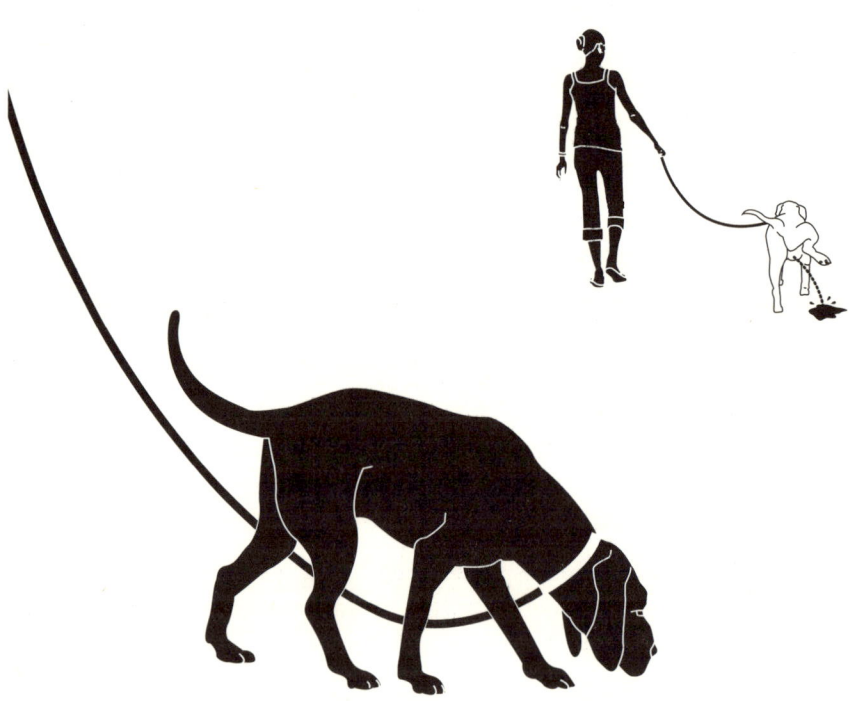

unreif sind). Ähnlich problematisch ist der Vergleich der Intelligenz von Mensch und Tier. Wenn ein Hund in einem IQ-Test mit Textaufgaben versagt, ist das sicher kein Wunder und sagt nichts über seine Intelligenz aus. Auf der anderen Seite kann ein Hund alle anderen Hunde der Nachbarschaft am Geruch erkennen, den diese mit ihren Urinmarken an Laternenpfosten hinterlassen – Menschen können das nicht. Deshalb käme wohl auch niemand auf die Idee, eine solche Geruchsaufgabe in einen Intelligenztest einzubauen. Aber ist sie darum weniger beachtlich?

Man sollte also immer im Hinterkopf behalten, dass Tier und Mensch vielleicht nur unterschiedliche Arten von Intelligenz besitzen, wenn man beide vergleicht. Aber natürlich ist es trotzdem extrem interessant zu schauen, in welchen Einzelheiten sich die Hirnleistungen von Mensch und Tier ähneln und wo sie sich unterscheiden. Man nennt diese relativ neue Forschungsrichtung »Vergleichende Kognitionsforschung«, wobei sich »Kognition« in etwa mit »Denken« übersetzen lässt. Vergleichende Kognitionsforscher haben in den letzten Jahrzehnten Unmengen von Verhaltensexperimenten mit Tieren gemacht und dabei eine Vielzahl von geistigen Fähigkeiten gefunden, die bis dahin als typisch menschlich galten. Über die erstaunliche Sprachbegabung mancher Tiere (aber auch über deren Grenzen) haben wir schon im Kapitel zu Sprache und Kommunikation gesprochen. Im Kapitel über Musik kommen noch faszinierende Beispiele für die Fähigkeit der meisten Tiere, Dinge zu unterscheiden und in Kategorien einzuordnen. Aber es gibt noch eine ganze Reihe anderer Denkleistungen, in denen Tiere Eindrucksvolles vollbringen.

Offen für Neues – Lernen

Die Fähigkeit, etwas Neues zu lernen und dieses später anzuwenden, ist wohl die wichtigste Grundlage von Intelligenz – aber sie ist nicht dasselbe. Denn selbst unbestritten dumme Seeanemonen gewöhnen sich mit der Zeit daran, wenn man sie mit einem scharfen Wasserstrahl anbläst. Während sie sich anfangs noch schnell zusammenziehen, reagieren sie mit der Zeit immer weniger darauf – sie haben gelernt, dass der Strahl keine Gefahr bedeutet, bewusst darüber nachgedacht haben sie aber mit Sicherheit nicht (aber man soll ja niemals nie sagen). Solches Gewöhnungslernen beherrschen auch schon einzelne Zellen in unserem Körper. Wenn wir uns zum Beispiel eine Wäscheklammer auf den Finger stecken, so melden die Tastzellen in der Haut dem Gehirn zunächst wie wild, dass sie gedrückt werden. Nach einer Weile lässt diese Reaktion aber nach – die Zellen haben sich an den Druck gewöhnt. Und tatsächlich spürt man die Klammer auf seinem Finger nach ein paar Minuten gar nicht mehr.

Anders sieht das bei komplizierteren Lernaufgaben aus. Ein Klassiker sind Experimente mit Ratten, die bei jedem neuen Versuch, in dem sie den Weg durch ein Labyrinth finden müssen, ein wenig schneller werden. Nach einer Weile laufen sie schließlich schnurstracks von A nach B, wo normalerweise eine Futterbelohnung auf sie wartet. Futter ist auch der Anreiz bei ebenso klassischen Versuchen, in denen Ratten (oder andere Tiere) einen Hebel herunterdrücken müssen, um an die Belohnung zu kommen. Zuerst drücken sie den Hebel nur aus Versehen und freuen sich über das aus einem kleinen Automaten purzelnde Futter. Nach ein paar solcher Zufallstreffer fällt dann irgendwann der Groschen und das Drücken des Hebels und die anschließende Belohnung werden miteinander verbunden. Dafür braucht es schon ein bisschen mehr Hirnschmalz, aber mit intelligentem Denken hat solch ein Lernen durch Versuch und Irrtum trotzdem noch nicht viel zu tun. Denn so ziemlich alle Tiere mit einem auch nur halbwegs leistungsfähigen Gehirn sind dabei in etwa gleich gut, ganz egal ob man Goldfische, Hühner, Pferde, Affen oder Menschen testet.

Wie war das noch? – Gedächtnis

Manche Tiere sind wahre Gedächtniskünstler. Sprichwörtlich ist zum Beispiel die lange Erinnerung von Elefanten. In Indien, wo sie als Arbeitstiere gehalten werden, erzählt man sich von Elefanten, die einen Menschen, der sie schlecht behandelt, auch nach Jahrzehnten wiedererkennen – und sich an ihm rächen. Die wenigen wissenschaftlichen Studien zum Elefantengedächtnis, die es gibt, scheinen das zu bestätigen. Beim Lernen einfacher Aufgaben erwiesen sie sich zwar zuerst als ziemlich langsam von Begriff, dafür blieb die Lektion aber über viele Jahre in ihren dicken Schädeln.

Viel besser untersucht sind die Erinnerungsleistungen von Vögeln. Einen Gedächtnisrekord im Tierreich hält der amerikanische Kiefernhäher, der im Herbst Kiefernsamen im Boden vergräbt. Wenn er im folgenden Winter Hunger bekommt, sucht er seine geheimen Futterverstecke wieder auf und bedient sich. Ein einziger Häher legt dabei jeden Herbst Tausende von unterschiedlichen Versteckplätzen an und merkt sich über Monate hinweg genau deren Position – eine Leistung, zu der kein

Mensch fähig ist. Ganz perfekt ist allerdings auch die Erinnerung in einem Häher-Gehirn nicht. Ein kleiner Teil der versteckten Samen bleibt im Boden und keimt im Frühjahr zu einem neuen Baum aus – auf diese Weise haben auch die Kiefern etwas von der Vorratshaltung.

Besonders ausgiebig untersucht wurde das gute Gedächtnis von Tauben. In einem berühmten Experiment zeigten die amerikanischen Forscher William Vaughan und Sharon Greene ihren Versuchstauben alle möglichen Familienfotos. Bei der Hälfte der Bilder gab es gleichzeitig etwas zu fressen, bei der anderen Hälfte passierte nichts weiter. Die Tauben lernten sehr schnell, welche der Fotos ein Futtersignal waren und welche nicht – ganz so wie die oben beschriebenen Ratten lernen, den Hebel zu bedienen. Vaughan und Greene wollten nun wissen, wie viele verschiedene Fotos sich so eine Taube einprägen kann, und zeigten ihnen nach und nach immer mehr Bilder, die die Vögel zur Hälfte mit einer Futterbelohnung in Verbindung setzten. Am Ende konnten die Tiere 320 verschiedene Fotos wiedererkennen und sprangen, wenn sie ein Futtersignal waren, zum Fressnapf. Das winzige Gehirn einer Taube fasst also eine Riesenmenge an Information – und das auch noch für lange Zeit: Als die beiden Forscher ihre Vögel zwei Jahre nach den ersten Experimenten erneut testeten, konnten diese die meisten Bilder immer noch korrekt zuordnen.

In Experimenten mit Goldfischen, Fröschen, Kühen, Affen und sogar Honigbienen erwiesen sich auch viele andere Tierarten als mehr oder minder gedächtnisbegabt. Doch eine spezielle Form des Erinnerns halten viele Forscher nach wie vor für typisch menschlich: das sogenannte episodische Gedächtnis. Gemeint ist, dass ein Mensch viele Erlebnisse aus seinem Leben

mehr oder weniger genau vor seinem inneren Auge wiederauf-
erstehen lassen kann. Zum Beispiel kann ich mich daran erinnern, was ich heute früh gegessen habe (Toastbrot mit Erdbeer-
marmelade), aber auch daran, wie wir als Kinder auf meinem
sechsten Geburtstagsfest Topfschlagen gespielt haben. Diese be-
wusste Erinnerung an konkrete Ereignisse aus der Vergangenheit fehlt Tieren, vermuten viele Forscher. Andere glauben, dass
zumindest einige Tiere durchaus dazu fähig sind. Das Problem:
Man kann die Tiere nicht fragen.

In ihren Versuchen mit Tauben konnten Vaughan und
Greene zwar beweisen, dass die Vögel die Bilder wiederer-
kannten. Es ist aber bisher niemand auf ein gutes Experiment
gekommen, mit dem sich zeigen ließe, ob sich eine Taube beim
Betrachten eines Fotos tatsächlich den Tag und die Situation
wieder vor das innere Auge rufen kann, als sie das Bild zum
ersten Mal sah, oder ob sie einfach nur weiß »Ah, das bedeutet Futter!« – so ähnlich wie man einfach weiß, dass Schoko-
lade lecker ist, ohne sich an den genauen Tag zu erinnern, an
dem man zum ersten Mal welche gegessen hat.

Eins, zwei, drei, viele – Mathematik im Tierreich

Tiere gehen nicht zur Schule und müssen folglich auch nie Ma-
the büffeln. Höhere Mathematik kann man von ihnen deshalb
kaum erwarten. Aber viele von ihnen scheinen zumindest einen
einfachen Sinn für Zahlen zu haben. Besonders gut ausgeprägt
ist dieser bei Elefanten, die offenbar recht gut kleinere Zahlen
zusammenzählen können, wie die japanische Biologin Naoko
Irie in einem simplen Experiment gezeigt hat. Vor den Augen

eines Elefanten warf sie zum Beispiel drei Äpfel in einen ersten Eimer und einen Apfel in einen zweiten. Danach polterten weitere vier Äpfel in den ersten und fünf in den zweiten. Im ersten Eimer befanden sich demnach 3 + 4 = 7, im zweiten 1 + 5 = 6 Äpfel. Nun durften die Elefanten einen der beiden Eimer auswählen und entschieden sich in den allermeisten Fällen für den Eimer mit der größeren Zahl von Äpfeln – offensichtlich hatten sie genau mitgezählt.

Mit ihrer Fähigkeit, bis sieben zu zählen, gehören Iries asiatische Elefanten allerdings auch schon zu den Mathegenies im Tierreich. Setzt man zum Beispiel einen hungrigen Salamander vor Fressnäpfe mit wahlweise zwei oder drei Fliegen, so wählt er noch recht zuverlässig jenen mit drei Futtertieren. Ob Salamander nun wirklich zählen oder nur allgemein erkennen, in welchem Napf mehr Futter ist, lässt sich schwer sagen. Bei der Alternative drei oder vier Fliegen werden sie jedoch schon unsicher und bei größeren Zahlen erkennen sie offenbar keinen Unterschied. Bei drei oder vier hört auch das Zahlenverständnis der meisten anderen getesteten Tiere auf.

Aber auch der Mensch kommt ohne mathematische Ausbildung nicht viel weiter. Einige Naturvölker, etwa die Munduruku-Indianer im Amazonasurwald Brasiliens, kennen nur Worte für die Zahlen eins bis fünf. Danach sprechen sie nur noch in vagen Mengenangaben wie »manche« oder »viele«. Fünf scheint für den Menschen überhaupt eine magische Zahl zu sein. Ob in einer Schale drei, vier oder fünf Äpfel liegen, kann man noch auf den ersten Blick sagen. Bei größeren Zahlen müssen sich die meisten Menschen aber auf das in der Schule gelernte Abzählen verlegen.

Wie fühlt es sich an, ein Tier zu sein?

»Wie fühlt es sich an, eine Fledermaus zu sein?«, lautet der Titel eines berühmten Aufsatzes des amerikanischen Philosophen Thomas Nagel aus dem Jahr 1974. Nagels Antwort: Wir werden es nie wissen. Denn ganz egal, wie genau wir das Verhalten des Flattertiers studieren und selbst wenn wir sein Gehirn bis zur letzten Zelle analysieren –, wir können uns nie in seinen Kopf hineinversetzen, die Welt mit seinen Augen sehen – und erst recht nicht mit seinem Echolot, mit dem es sich in finsterer Nacht perfekt orientieren und Nachtfalter jagen kann.

Für Nagel war die Fledermaus aber nur ein extremes Beispiel für ein allgemeines Problem. Denn genau genommen wissen wir nicht einmal mit Sicherheit, wie andere Menschen die Welt um sich herum wahrnehmen und wie es sich zum Beispiel für sie anfühlt, die Farbe Rot zu sehen.

Die grundlegende Frage lautet: Wie wird aus der physikalisch existierenden Welt aus Atomen die Welt, wie wir sie wahrnehmen? Dasselbe sind beide jedenfalls nicht, denn unsere Sinne sind sehr beschränkt. Wir besitzen zum Beispiel weder ein Sinnesorgan, das radioaktive Strahlung wahrnehmen kann, noch erkennen unsere Augen Dinge, die kleiner als ungefähr einen Zehntelmillimeter groß sind. Dass Strahlung und winzige Einzeller aber doch existieren, wissen wir nur, weil es der Mensch ziemlich weit damit gebracht hat, seine Sinne durch Geigerzähler, Mikroskope und andere Gerätschaften auszudehnen.

Dank solcher Hilfsmittel und der modernen Wissenschaft kann man heute sehr genau beschreiben, welche physikali-

schen Eigenschaften zum Beispiel Lichtwellen besitzen und wie diese von den Sehzellen des Auges aufgefangen und in Nervensignale übersetzt werden, die dann über Nervenbahnen zur weiteren Verarbeitung ins Gehirn wandern.

Doch wie wird aus diesen physikalischen und biologischen Vorgängen dann unser bewusstes Erleben der Farbe Rot, was bedeutet Rot für jeden einzelnen Menschen? Diese Frage lässt sich mit den Mitteln der Naturwissenschaft nicht beantworten, meinen Nagel und viele seiner Kollegen.

Im Alltag ist das wie so viele philosophische Fragen kein echtes Problem: Wir unterhalten uns wie selbstverständlich darüber, welches Auto auf einem Parkplatz rot und welches blau ist. Das liegt daran, dass wir schon als Kleinkinder lernen, dass zum Beispiel Blut, Tomaten oder Erdbeeren rot und eine Kornblume oder der Himmel an einem schönen Tag blau sind. Wir übertragen das Erlernte dann auf andere Dinge, die in uns die gleiche Farbwahrnehmung auslösen. Dass das nicht immer so eindeutig wie im Fall der Tomate sein muss, zeigt zum Beispiel die Farbe Türkis: Ob ein Pulli nun eher blau, grün oder eben genau in der Mitte türkis ist, darüber lässt sich manchmal lange streiten.

Farben sind ein relativ einfaches Beispiel. Aber auch alle anderen Arten von Wahrnehmungen und Gefühlen sind am Ende eine Frage unseres subjektiven Erlebens. Wenn ein anderer Mensch lacht, geht man davon aus, dass er etwas Ähnliches empfindet wie man selbst. Im täglichen Leben kommt man mit dieser Annahme eigentlich ganz gut zurecht, aber ganz sicher kann man sich eben nie sein, wie der Andere die Welt und sich selbst erlebt.

Was hat das nun alles mit der Intelligenz von Tieren zu tun? Es zeigt uns noch mal, wie vorsichtig man sein sollte, wenn man einem Tier eine bestimmte Empfindung zuschreibt oder sein Verhalten zu erklären versucht. Die Frage »Was würde ich in seiner Situation tun oder empfinden?« ist zwar der einfachste und für den Anfang wohl auch beste Weg, sich davon eine Vorstellung zu machen. Aber ein Hund lebt nun einmal in einer Welt aus Gerüchen und die Fledermaus besitzt mit ihrem Echolot sogar einen Sinn, den wir nicht mal ansatzweise nachempfinden können – ebensowenig wie sich ein schon blind zur Welt gekommener Mensch etwas vorstellen kann, wenn man ihm eine Landschaft beschreibt, oder ein Farbenblinder mit Rot-Grün-Schwäche (und davon gibt es mehr, als man denkt) den vollen Unterschied zwischen Rot und Grün versteht.

Thomas Nagel hat das in etwa so ausgedrückt: »Es kommt nicht darauf an, wie es sich für uns anfühlen würde, eine Fledermaus zu sein, sondern wie es sich für die Fledermaus anfühlt, eine Fledermaus zu sein.« Und dafür muss man nun einmal eine Fledermaus sein.

Wer will fleißige Handwerker sehn, der muss zu uns Tieren gehen – Werkzeuggebrauch

Fragte man vor 1960 einen Anthropologen (also einen Wissenschaftler, der sich mit dem Menschen befasst), was die entscheidenden Merkmale sind, in denen sich der Mensch von allen Tieren unterscheidet, so hätte er sicher ganz zu Beginn, gleich nach »Sprache« gesagt: »Der Gebrauch von Werkzeugen.« Unsere Vorfahren begannen damit vor ungefähr zweieinhalb Millionen Jahren. Mit Hilfe eines zweiten Steines schlugen sie so lange kleine Stücke von handlichen Steinen ab, bis ein einfacher Faustkeil mit scharfen Rändern entstand, mit dem man zum Beispiel ein erlegtes Mammut zerschneiden konnte. Im Laufe der Steinzeit wurden diese Werkzeuge und die Techniken zu ihrer Herstellung immer raffinierter, später erfand der Mensch neue Materialien wie Bronze oder Eisen. So ging das immer weiter, bis hin zu unseren modernen Akkuschraubern.

Der Gebrauch von Werkzeugen setzt ein gewisses Maß an Intelligenz voraus. Man muss erst mal das Problem analysieren, sich dann eine mögliche Lösung vorstellen und schließlich das entsprechende Werkzeug basteln. Nichts, wozu Tiere fähig wären, dachte man lange. Dass zumindest einige Tiere doch zu solch einsichtsvollem Denken in der Lage sind, beschrieb als einer der Ersten der deutsche Verhaltensforscher Wolfgang Köhler. In den Jahren zwischen 1914 und 1920 stellte er die Schimpansen seiner Forschungsstation auf der spanischen Insel Teneriffa vor eine Reihe von Denkaufgaben. Zum Beispiel hängte er eine leckere Banane an die Zimmerdecke, außer Reichweite für die Affen. Vor allem Sultan, Köhlers besonders schlauer Lieblingsaffe, ging sehr schnell ein Licht auf: Ohne langes Herumprobieren, also offenbar als Ergebnis von Nachdenken über das Bananenproblem, holte er sich drei Holzkisten, die in einer Ecke des Raums standen, stapelte sie unter der Banane aufeinander und benutzte sie so als Leiter, um an den Leckerbissen zu kommen. Ebenso verstand er schnell, dass er zum selben Zweck auch zwei Stöcke zusammenstecken konnte, die jeder allein nicht lang genug waren, um die Banane von der Decke herunterzuschlagen.

Dass auch wildlebende Schimpansen Werkzeuge gebrauchen, beobachtete die junge Forscherin Jane Goodall (von der wir später noch mehr hören werden) dann zum ersten Mal 1960 im Gombe-Nationalpark in Tansania. Die Tiere benutzen kleine Stöckchen oder Grashalme, um Ameisen und Termiten aus ihren Nestern zu »angeln«. Dazu schieben die Affen den Halm in eine der kleinen Öffnungen des Nests, ziehen ihn vorsichtig wieder heraus und schlecken die darauf herumlaufenden Insekten ab – lecker!

Mit Ästen, die sie sich mit Händen und Zähnen zurechtstutzen, holen Schimpansen auch Honig aus den Nestern von Wildbienen. Dabei benutzen sie unterschiedliche Stöckchen für verschiedene Aufgaben: dicke Äste, um das unterirdische Bienennest aufzubrechen, und am Ende ausgefranste Stöckchen, um den Honig daraus aufzutunken. Auch den Nussknacker haben einige wildlebende Schimpansen erfunden. Sie benutzen einen großen, flachen Stein als Unterlage, auf die sie die Nüsse legen, und hauen dann mit einem zweiten schweren Stein darauf ein, bis sie aufknackt.

Schimpansen sind bei weitem nicht die einzigen Tiere, die Werkzeuge benutzen. Seeotter benutzen Steine, um Muscheln und Schnecken aufzuhämmern, Elefanten gebrauchen Äste als Fliegenklatsche und manche Delphine stülpen sich Schwämme

über die empfindliche Schnauze, um diese bei der Nahrungssuche am Meeresboden zu schützen.

Aber nicht nur bei Säugetieren, sondern auch unter Vögeln finden sich geschickte Handwerker: Schmutzgeier gebrauchen Steine, um die harte Schale von Straußeneiern zu zerdeppern, und Spechtfinken auf den Galapagos-Inseln pulen mit Hilfe eines Kaktusstachels Maden aus altem Holz. Die größten Schlaumeier unter den Vögeln leben jedoch in Neukaledonien, einer Inselgruppe im Pazifischen Ozean. Geradschnabelkrähen stellen aus Blättern eine Reihe unterschiedlicher Werkzeuge her, mit denen sie Insekten aus Ritzen holen. In einem Laborexperiment bog sich Betty, eine neukaledonische Krähe, aus einem Draht einen Haken zurecht, mit dem sie ein kleines Eimerchen mit Futter aus einer Plastikröhre angeln konnte. Um auf diese Idee zu kommen, musste Betty nicht lange herumprobieren. Nach nur einem misslungenen Versuch mit dem geraden Draht begann sie, diesen in Form eines Hakens zu biegen.

Noch einen Schritt weiter sind einige Krähen in Japan. Sie lassen andere die Arbeit für sich tun. Die Krähen werfen Nüsse auf die Straße und warten, bis ein Auto darüberfährt und die harte Schale zerdrückt. Weil es auf einer viel befahrenen Straße nicht ganz ungefährlich ist, sich anschließend die geknackte Nuss zu holen, haben sich manche Krähen auf Stellen mit Fußgängerampeln spezialisiert. Sie warten, bis die Ampel den Autoverkehr anhält, und holen sich erst dann ihren frisch geknackten Nuss-Snack.

Ich denke, also bin ich – Selbstbewusstsein bei Tieren

Tieren, die sich einfach durch Nachdenken ein passendes Werkzeug basteln, muss man also zumindest ein gewisses Maß an Intelligenz zugestehen.

»Okay«, sagten manche Forscher, nachdem die ersten solcher Fälle bekannt geworden waren. »Aber der Mensch ist doch das einzige Tier, das ein Selbst- oder Ich-Bewusstsein besitzt, also über sich selbst nachdenken kann.« Auch falsch, wie sich erwies.

Da man Tiere nicht fragen kann, muss man ihr Selbstbewusstsein indirekt prüfen. Der amerikanische Psychologe Gordon Gallup entwickelte dafür 1970 den sogenannten Spiegeltest. Man malt dem Tier heimlich einen Punkt ins Gesicht oder sonst eine Stelle, die es nicht direkt betrachten kann. Dann lässt man es sich im Spiegel ansehen. Versucht das Tier, sich den Fleck, den es in seinem Spiegelbild sieht, von der eigenen Backe abzuwischen, so kann man davon ausgehen, dass es kapiert hat: »Huch, das bin ja ich da im Spiegel!«

Den meisten Tieren geht dieses Licht nicht auf, sie halten ihr Spiegelbild für einen Artgenossen, noch dazu für einen ziemlich frechen, der ihnen alles nachmacht. Zu der erlesenen Gruppe von Tieren, die sich selbst in ihrem Spiegelbild erkennen, gehören neben Schimpanse, Gorilla und Orang-Utan auch noch Delphin, Orca-Wal, Elefant, Elster, Schwein und natürlich der Mensch, der sich allerdings erst ab einem Alter von knapp zwei Jahren im Spiegel erkennt.

Bedeutet das, dass alle anderen Tiere, die im Spiegeltest versagt haben, kein Bewusstsein von sich besitzen? Nicht unbedingt. Anders als für uns Menschen sind die Augen für viele

Tiere nämlich nicht der wichtigste Sinn, mit dem sie ihre Umwelt und sich selbst wahrnehmen. Hunde zum Beispiel leben in einer Welt aus Gerüchen, die sie mit ihrer feinen Nase riechen. Das brachte den amerikanischen Biologen Marc Bekoff auf die Idee für einen anderen Test des tierischen Selbstbewusstseins, den er über mehrere Winter an seinem Labrador Jethro ausprobierte: den »Gelben-Schnee-Test«.

Beim gemeinsamen Gassigehen in Bekoffs Heimatstadt Boulder im US-Bundesstaat Colorado setzte Jethro wie alle Hunde immer wieder Duftmarken an den Wegrand, vor allem an Stellen, die schon andere Hunde vor ihm markiert, also angepinkelt, hatten. Mit einer kleinen Schaufel nahm Bekoff nun Proben des gelben Schnees, setzte sie an einen anderen Ort und präsentierte sie seinem Hund. »Jethro erkannte ganz genau, ob der Schnee von ihm oder einem anderen Hund eingefärbt war, und setzte nur bei fremden Gerüchen eine neue Duftmarke. Das bedeutet, dass er sehr wohl zwischen sich und den anderen unterscheiden konnte«, sagt Bekoff.

Die Frage, ob Tiere ein Bewusstsein haben oder nicht, hält Bekoff für überholt. Er glaubt vielmehr an ein abgestuftes Modell tierischer Bewusstheit. Dieses beginne bei der einfachen Erkenntnis »Dies ist mein Körper«, die fast allen Tieren möglich sei. »Selbst eine Ameise beißt sich im Kampf mit einer anderen Ameise nicht selbst. Sie weiß genau, welche der vielen Beine ihr gehören.« Eine weitere Stufe tierischen Ichbewusstseins sei erreicht, wenn Tiere die Konzepte von »Dies ist mein Knochen, mein Territorium, mein Partner« verstünden. Nur wenigen lebenden Wesen, darunter dem Menschen, sei wohl die dritte Stufe vorbehalten: die Fähigkeit, über seine eigenen Gedanken und Gefühle nachzudenken.

Doch zumindest einige Menschenaffen sind uns auch hierin vielleicht näher, als wir denken. Schimpansen wissen zum Beispiel, wenn sie etwas nicht so genau wissen. Das fand der Biologe Joseph Call vom Leipziger Max-Planck-Institut für evolutionäre Anthropologie mit einem einfachen Versuch heraus, den er den »Reisepass-Effekt« nennt: Wenn Call selbst verreisen muss, packt er schon am Abend zuvor seinen Koffer und verstaut seinen Pass und die Tickets fürs Flugzeug in der Außentasche. Bevor er am nächsten Morgen das Haus verlässt, schaut er trotzdem immer noch mal zur Sicherheit nach, ob der Pass auch wirklich da ist. Eigentlich weiß er das ja, aber aus Erfahrung weiß er eben auch, dass er sich manchmal täuscht.

Affen haben keine Pässe, aber Call dachte sich einen Versuch aus, um die gleiche Unsicherheit zu erzeugen. Seine Versuchsaffen aus dem Leipziger Zoo beobachteten zunächst, wie der Forscher eine Weintraube in einem von zwei Plastikröhrchen versteckte. Dann mussten sie eine Weile warten, bis sie sich die süße Traube endlich holen durften (Affen lieben Trauben!). Waren es nur ein paar Sekunden Wartezeit, so griffen die Affen meistens direkt nach dem richtigen Rohr. Nach mehreren Minuten Pause dagegen schauten sie erst noch einmal nach, ob die Traube auch wirklich da versteckt war, wo sie es in Erinnerung hatten – sie waren sich ihrer Sache nicht mehr so sicher und offenbar auch bewusst, dass sie sich nicht mehr ganz sicher waren.

Gefühle müssen raus – Emotionen bei Tieren

Die Frage, ob Tiere denken können, ist schon schwierig genug. Sie hängt davon ab, was man unter den Begriffen »Denken« und »Intelligenz« versteht. Und weil man Tiere nicht fragen kann, lässt sie sich nur indirekt mit Experimenten untersuchen – und deren Ergebnisse lassen sich fast immer unterschiedlich deuten (sonst müssten sich Wissenschaftler nicht untereinander streiten, was sie aber andauernd tun). Noch schwieriger wird das bei der Frage, ob Tiere so wie Menschen Gefühle haben. Jeder, der einen Hund zu Hause hat, würde spontan wohl »Aber natürlich!« rufen. »Mein Hund freut sich wie verrückt, wenn wir Gassi gehen; er ist traurig, wenn ich weggehe und er zu Hause bleiben muss oder wenn ich ihn geschimpft habe. Er wird sauer, wenn ich ihm seinen Knochen wegnehmen will, und hat Angst, wenn es donnert.«

Was Hunde- und anderen Tierfreunden ganz selbstverständlich erscheint, ist für die meisten Verhaltensforscher dagegen ein Tabu-Thema. Warum ist das so? Einerseits lassen sich Gefühle bei Mensch und Tier noch schwerer wissenschaftlich exakt beschreiben als Denken und Intelligenz. Andererseits läuft man beim Thema Gefühle sehr leicht Gefahr, Gefühle in ein Tier hineinzulesen, die gar nicht da sind. Das einfachste Beispiel sind Delphine, die mit ihren von Natur aus leicht nach oben gezogenen Mundwinkeln auf einen Menschen den Eindruck machen, sie seien immer glücklich. Vielleicht sind sie das auch – in ihrem Gesichtsausdruck, der anders als beim Menschen ziemlich starr ist, lässt sich das aber sicher nicht ablesen.

Ganz allgemein kann man nie wirklich beweisen, wie sich ein Tier gerade fühlt – Wissenschaftler ließen deshalb lange Zeit gleich ganz die Finger von dieser Frage. Mit all den Hinweisen auf intelligentes und kreatives Denken, die in den letzten 50 Jahren bekannt wurden, änderte sich das aber auch langsam. »Es gibt überhaupt keine Frage, dass Tiere Gefühle haben«, ist Marc Bekoff überzeugt, der einer der Vorreiter bei der Erforschung tierischer Kognition ist. Bekoff hat von Kollegen viele Berichte von tierischen Verhaltensweisen gesammelt, die sich mit der Vorstellung vom Instinktautomaten nur sehr schwer erklären lassen, dafür aber umso leichter mit der Annahme, dass auch Tiere ähnliche Gefühle empfinden wie wir. Hier ein paar Beispiele:

Nasenaffen auf der Tropeninsel Borneo wurden schon oft dabei beobachtet, wie sie aus dem Wipfel eines Baumes mit großem Platsch ins Wasser eines Flusses springen, an den Rand schwimmen und sofort wieder nach oben klettern für die nächste »Arschbombe« aus bis zu 16 Meter Höhe. Vielleicht üben die Tiere nur für den Fall, dass sie mal auf der Flucht ins Wasser springen müssen, oder sie wollen ihren Artgenossen imponieren (Im Freibad sieht man auch genug Angeber auf dem Sprungturm). Naheliegender ist aber: Sie springen, weil es ihnen einfach Spaß macht.

Noch schwerer fällt eine nüchterne, wissenschaftliche Erklärung für das Verhalten mancher Raben in den verschneiten Bergen von Wales: Die Vögel legen sich auf den Rücken und rodeln immer wieder den Berg hinunter. Spaß mit Eis und Schnee kennen auch die Büffel Nordamerikas. Laut grunzend schlittern sie über zugefrorene Seen. In Japan spielen junge Makakenaffen mit selbstgemachten Schneebällen und im heißen Australien machen sich Kakadus einen Sport daraus, möglichst lange auf einem sich drehenden Windrad sitzen zu bleiben, wenn der Wind auffrischt. Beim sprichwörtlichen Kampf ums Überleben, den Biologen lange als einzigen Grund für tierisches Verhalten ansahen, hilft all das wohl kaum. Aber es macht den Tieren ganz offensichtlich einen Riesenspaß. Beides muss sich ja auch nicht gegenseitig ausschließen. Die Jungen vieler Tierarten verbringen ihre meiste Zeit mit Spielen. Das Raufen junger Wölfe mag sicher auch eine Vorbereitung für echte Kämpfe im späteren Leben sein – aber das schließt nicht aus, dass es im Augenblick vor allem Freude bereitet.

Tiere kennen aber auch das gegenteilige Gefühl: Trauer. Stirbt ein afrikanischer Elefant, so bleiben seine Herdengenossen oft

tagelang bei ihm und betasten den Leichnam. Auch Menschenaffen nehmen den Verlust eines Familienmitglieds sehr schwer. Junge Gorillas, die ihre Mutter verlieren, sterben oft innerhalb kurzer Zeit – vor Trauer, ist Bekoff überzeugt.

Viele seiner Biologen-Kollegen bezweifeln, dass die Gefühle von Tieren (wenn es sie überhaupt gibt) mit denen des Menschen gleichzusetzen sind. Am Ende ist das vor allem eine Glaubenssache. Denn endgültig beweisen lässt sich weder das eine noch das andere.

Tierische Persönlichkeiten

Manche Menschen sind besonders mutig, andere eher schüchtern. Die einen regen sich beim kleinsten Anlass auf, andere kann nichts aus der Ruhe bringen. Einige Leute gehen Probleme methodisch und sachlich wie ein Wissenschaftler an, andere sind geborene Chaoten. Jeder Mensch hat eben seinen eigenen Charakter, seine eigene Persönlichkeit. Und bei Tieren ist es nicht anders.

Zum Beispiel Vögel. Wenn man im Winter eine Weile das Gedränge am Futterhäuschen im Garten beobachtet, merkt man bald, dass sich nicht nur die großen Dohlen frecher nach vorne drängen als die kleinen Buchfinken (kein Wunder, am Pausenstand in der Schule drängeln sich auch die Größeren vor die Kleineren und nicht anders herum), sondern dass es auch zwischen verschiedenen Kohlmeisen große Unterschiede gibt, und das, obwohl sie alle ungefähr gleich groß und stark sind. Während die eine erst einmal von Ast zu Ast hüpft, die Lage sondiert und sichergeht, dass auch wirklich nirgends eine Gefahr (etwa Nachbars Katze) lauert, fliegt die andere Meise schnurstracks in das Häuschen und knabbert Sonnenblumenkerne.

Obwohl auch Herrchen und Frauchen schon immer wussten, dass ihre Lieblinge anders als alle anderen Hunde oder Katzen sind, gehört die tierische Persönlichkeitsforschung zu jenen Feldern, auf die sich ernsthafte Wissenschaftler aus Angst, von ihren Kollegen verspottet zu werden, erst seit wenigen Jahren wagen.

Der erste Artikel in einer Fachzeitschrift, der ausdrücklich unterschiedliche Persönlichkeiten von Individuen einer Art untersuchte, erschien erst 1993. Darin beschrieben der amerikanische Biologe Roland Anderson und die kanadische Psychologin Jennifer Mather ihre Versuche mit Roten Oktopussen, denen sie in einem Versuchsbecken ihre Lieblingsbeute, eine Strandkrabbe, vorsetzten. Dabei fanden sie große Unterschiede zwischen aggressiven, passiven und schüchternen Tieren, die Anderson in einem Interview so beschrieb: »Die Aggressiven stürzten sich auf die Krabbe. Die Passiven warteten, bis sie an ihnen vorbeikam, und packten sie dann. Und die Schüchternen warteten, bis es Nacht wurde und keiner sie beobachtete. Am nächsten Morgen fanden wir dann ein Häufchen Krabbenschalen vor.«

Inzwischen haben Forscher schon bei unzähligen Tierarten individuelle Charaktereigenschaften nachgewiesen, von aggressiven oder zurückhaltenden Spinnen über mehr oder minder neugierige Ratten bis hin zu extrovertierten oder nachdenklichen Affen.

Am Max-Planck-Institut für Ornithologie in dem Dörfchen Seewiesen in Oberbayern untersuchen Vogelkundler die Schüchternheit von Kohlmeisen in einem Charakterlabor, einem kleinen Raum, in dem es außer fünf Holzpflöcken mit kleinen Sitzstangen keine Einrichtung gibt. Scheue Vögel setzen sich auf den erstbesten Holzpflock und warten erst einmal auf bessere Zeiten, Draufgänger dagegen erkunden den ganzen Raum und probieren alle Sitzgelegenheiten aus.

Biologisch hat es auch durchaus seinen Sinn, dass nicht alle Meisen gleich mutig sind. Denn je nach den Lebensumständen kann sich das eine oder das andere als besser erweisen: In einer Umgebung mit vielen Katzen werden Draufgänger schneller zur Beute als ihre scheuen Artgenossen. Andererseits waren es wohl kaum die Schüchternen unter den südenglischen Meisen, die in den zwanziger Jahren entdeckten, wie man leckeren Rahm klauen konnte. Damals stellte der Milchmann noch jeden Morgen Milchflaschen vor die Haustür. Als der Lieferant auf Flaschen umstellte, die nur mit einem dünnen Aludeckel verschlossen waren, lernten einige besonders vorwitzige Meisen schnell, dass man diesen nur mit dem Schnabel durchlöchern musste, um an den oben auf der Milch schwimmenden Rahm heranzukommen. Irgendwann lernten zwar auch ihre Artgenossen diesen Trick (Meisen gelten als besonders clevere Vögel), aber ohne das Vorbild der mutigen Entdeckertypen wären sie wohl nie darauf gekommen. In den Gebieten Englands, in denen noch heute ein Milchmann die Milch vors Haus stellt, schützen sich die Menschen inzwischen übrigens mit verschließbaren Milchflaschenkästen vor den kleinen Dieben.

Kapitel 4

Auch wenn der Traum, mit den Tieren sprechen zu können, für immer nur ein Traum bleibt: Zwei- und Vierbeiner können sich auch ohne Sprache ziemlich nahe kommen. Das gilt vor allem für solche Tiere, die sich seit Jahrtausenden an das Zusammenleben mit dem Menschen angepasst haben.

Haustiere

Für viele Menschen ist ihr Hund viel mehr als nur ein haariger Mitbewohner. Sie behandeln ihn wie einen Menschen und oft sogar besser: Nur das beste Filetfleisch ist gut genug für den kleinen Schatzi, die eigentlich ausreichend behaarten Hündchen werden in teure Designerklamotten gesteckt und gehen regelmäßig auf Wellness-Wochenenden, wo sie massiert, gestriegelt und frisiert werden.

Vierbeinige Prinzessinnen

Besonders viele verhätschelte Schoßhündchen leben in Japan. Vor allem gut verdienende, aber einsame Großstadtbewohner verwöhnen dort ihre Hunde, als wären sie Kinder – oder besser gesagt kleine Prinzen und Prinzessinnen. Ein ganzer Wirtschaftszweig lebt von der Liebe zum Hund. Es gibt Boutiquen, in de-

nen man in einer riesigen Auswahl von Mänteln, Hosen,
Stiefelchen und Verkleidun-
gen für Hunde-Kostüm-
partys stöbern oder
Reinigungstücher für
den Hundepo und
Kräuterkuren für
die Hundeverdau-
ung kaufen kann.
Das Tierchen geht alle
zwei Wochen zum Hunde-
frisör und auch der Urlaub wird in speziellen Hotels für Frauchen und ihren Fifi verbracht.

Und wenn man selbst zu sehr mit Geldverdienen beschäftigt ist, schickt man seinen Liebsten eben allein auf einen hunde-
gerechten Luxusurlaub. Zum Beispiel in die Luxusherberge »D
Pet Hotel« in Hollywood. Für ungefähr hundert Euro pro Nacht
können die Lieblinge der amerikanischen Filmstars dort auf
Doppelbetten schlafen, fernsehen, ins Schwimmbad gehen, sich
massieren lassen oder auf dem großen Hundespielplatz herumtol-
len. Und wenn sie sich dabei mal die Pfote verstauchen, steht ein
Tierarzt bereit, der sich sofort um alle Wehwehchen kümmert.

Der Anfang einer wunderbaren Freundschaft – Wie der Mensch auf den Hund kam

Wie kam es zu dieser manchmal schon krankhaft übertriebenen
Liebesbeziehung zwischen Mensch und Hund? Egal ob Zwerg-

dackel oder Riesenschnauzer: Alle Hunde stammen von einem gemeinsamen Vorfahren ab, dem Wolf. Wie und wann Wölfe vom gefährlichen Raubtier zum Helfer und Freund des Menschen wurden, ist allerdings umstritten. Manche Experten sprechen von 14 000 Jahren, andere von 140 000.

So oder so: Hunde sind mit Sicherheit die ältesten Haustiere des Menschen. Es ist schwer zu sagen, was genau damals geschah, als Wolf und Mensch sich zum ersten Mal nicht mehr nur als Feinde betrachteten. Im Wesentlichen gibt es zu dieser Frage zwei Theorien. Die erste sieht den Wolf als aktiven Teil der beginnenden Freundschaft. Ihr zufolge merkten einige Wölfe irgendwann, dass in der Nähe von Menschen öfter etwas zu fressen für sie abfiel. Also hängten sie die Jagd an den Nagel und trieben sich stattdessen nahe der Lager von Frühmenschen herum, wo sie sich von Knochen und anderen Essensresten ernährten. Im Laufe der Zeit wurden diese Wölfe immer zutraulicher und auch die Menschen gewöhnten sich an die Gesellschaft der gar nicht mehr so wilden Tiere – der Anfang einer bis heute andauernden Freundschaft war gemacht.

Vielleicht spielte dabei aber auch der Mensch die aktive Rolle. Der älteren der beiden Theorien zufolge fanden unsere Vorfahren verwaiste Wolfsjunge und nahmen sie mit in ihr Lager. Weil sich die Wölfe von klein auf an die komischen Zweibeiner gewöhnen konnten, waren sie nicht so scheu wie ihre wilden Verwandten und machten sich als Müllschlucker, Wachwölfe und Jagdbegleiter nützlich. Vermutlich fanden es aber auch schon unsere Vorfahren einfach schön, ein knuddeliges Wolfsjunges zu streicheln und mit ihm zu spielen.

Der Philosoph und der Wolf

Auch heute können Mensch und Wolf als Freunde zusammenleben. In seinem Buch »Der Philosoph und der Wolf« zum Beispiel berichtet der amerikanische Philosoph Mark Rowlands von dem Wolf Brenin, den er sich als kleinen Welpen kaufte. Zehn Jahre lang begleitete Brenin seinen Menschenfreund überallhin, in den Supermarkt, in die Vorlesungen an der Universität und in die Kneipe. Das ging auch gar nicht anders, erzählt Rowlands, denn sobald er Brenin einmal kurz allein ließ, zerlegte dieser die Wohnungseinrichtung oder die Sitzpolster des Autos. Damit Brenin seine überschüssige Energie nicht an unschuldigen Sofas oder seinem Herrchen ausließ, musste Rowlands mit ihm jeden Tag etliche Kilometer joggen gehen und ihn richtig auspowern.

In seinem Buch beschreibt Rowlands die Jahre mit seinem Wolf als wunderbare Freundschaft, aber eben doch als Freundschaft mit einem noch immer ziemlich wilden Tier, das für die meisten Menschen wohl kaum als Hausgenosse taugen würde. Ein gezähmter Wolf ist eben noch lange kein Hund. Dazu musste sich durch gezielte Zucht und Auslese noch einiges im Erbgut der ersten Wolfshunde oder Hundswölfe tun (siehe »Die Guten ins Töpfchen: Domestizierung durch Auslese«, Seite 104).

Zahme Wölfe, wilde Hunde

In den ersten paar Tausend Jahren blieben die Urhunde den Wölfen wahrscheinlich äußerlich recht ähnlich. So genau lässt sich das aber kaum sagen, denn alles, was Forscher haben, sind ein paar Hundeknochen, die sie bei Ausgrabungen in Dörfern aus der Steinzeit fanden. Die ältesten Knochen, die sich schon ziemlich deutlich von denen eines wilden Wolfes unterscheiden, fand man erst vor wenigen Jahren in einer Höhle in Belgien zusammen mit den Überresten von Steinzeitmenschen – sie sind über 30 000 Jahre alt. Aus etwas späterer Zeit kennt man dann schon ganze Skelette von Hunden, die offenbar gemeinsam mit ihren Herrchen und Frauchen begraben wurden – ein Zeichen dafür, dass Hunde damals bereits ein hohes Ansehen bei den Menschen hatten und nicht mehr nur herumlungernde Müllschlucker waren.

Wie könnten diese frühen Hunde ausgesehen haben? Eine Ahnung davon geben vielleicht die Dingos Australiens. Denn die Vorfahren dieser hell gefärbten Wildhunde rissen vermutlich schon vor Tausenden von Jahren von zu Hause aus und begannen wieder ein wildes Leben ohne den Menschen. Seither waren sie also nicht mehr der Auslese durch den Mensch unterworfen, mit deren Hilfe dieser die modernen Hunderassen erschuf. Das muss zwar nicht heißen, dass sich Dingos seitdem nicht mehr verändert haben können – ein Dingo von heute ist sicher nicht ganz genau das Gleiche wie ein Hund der Steinzeit. Aber er kommt diesem Urhund wohl näher als irgendeine heutige Hunderasse.

Auch die Anfänge der gezielten Zucht von Hunden und die Entstehung der ersten Rassen liegen in grauer Vergangenheit. 5000 Jahre alte Abbildungen von Hunden aus Ägypten zeigen, dass sich diese Tiere damals äußerlich schon ziemlich weit vom Wolf wegentwickelt hatten. Noch heute gibt es Rassen wie Basenijs, Podencos oder Pharaonenhunde, die diesen altägyptischen Hunden sehr ähnlich sehen.

3000 Jahre später, zu Zeiten der alten Römer, gab es dann

schon etliche verschiedene Sorten von Wach- und Kampfhunden, die auf alten Wandgemälden und Mosaiken abgebildet sind. Doch bis ins Mittelalter blieb die Zahl von Hunderassen recht klein. Das änderte sich erst vor ungefähr 250 Jahren. Damals wurde es unter Adligen und reichen Bürgern Mode, sich Schoß- und Windhunde als ständige Begleiter zu halten. Der Boom spornte auch die Züchter an, die sich mit immer neuen Rassen gegenseitig überboten.

Heute unterscheidet man mehrere Hundert unterschiedliche Hunderassen. Einige wie der mexikanische Chihuahua sind kaum größer als eine Ratte, andere – wie die dänische Dogge – gleichen eher einem Kalb. Mit ihrem natürlichen Vorfahren, dem Wolf, haben die meisten Hunde heute nicht mehr viel gemeinsam. Doch der wirklich entscheidende Unterschied zu den wilden Vorfahren liegt nicht so sehr im Aussehen. Viel wichtiger war die Veränderung der inneren Werte vom Wolf zum Hund, besser gesagt: seines Verhaltens und seiner Fähigkeit, zu denken.

Kluge Hunde

Sind Hunde vierbeinige Intelligenzbestien oder einfach nur doof? Je nachdem, wen man fragt, wird man zu dieser Frage sehr unterschiedliche Meinungen hören. Viele Menschen können Hunde nicht leiden. Für sie sind die Tiere nur nervige Kläffer oder gefährliche Beißer, die überall ihre stinkenden Häufchen hinterlassen. Und auch unter Biologen galten Hunde lange Zeit als vertrottelte und verweichlichte Version des Wolfs, dem durch das faule Leben als Fußabtreter des Menschen seine ursprünglich scharfen Instinkte abhandengekommen sind.

Echte Hundefans dagegen waren sich schon immer sicher, dass ihr kleiner Schnuffi ein ganz besonders aufgewecktes Tierchen ist und jedes ihrer Worte genau versteht. Sie bekommen seit einigen Jahren Unterstützung von Verhaltensforschern, die die besonderen Fähigkeiten der Vierbeiner untersuchen, vor allem ihre besondere Gabe, ganz ohne Sprache mit Frauchen und Herrchen zu kommunizieren.

Ich sehe was, was du auch siehst

Menschen müssen nicht immer reden, um sich etwas mitzuteilen. Wenn man zum Beispiel an der Käsetheke im Supermarkt ein Stück von einem bestimmten Käse haben möchte, dessen Namen man nicht kennt, kann man ihn natürlich umständlich beschreiben.

»Der mit den vielen großen Löchern und der gelben Rinde. Also von dem Stück, das in der dritten Reihe an der vierten Stelle von links – also von Ihnen aus gesehen links – liegt.«

Viel schneller und sicherer geht es aber, wenn man einfach mit dem Zeigefinger auf das erwählte Stück zeigt – die Verkäuferin versteht einen dann sogar, wenn man gerade in Japan ist und kein Wort japanisch kann. Denn das Zeigen mit dem Finger kapieren so ziemlich alle Menschen dieser Erde, auch wenn in manchen Ländern ein zielgerichtetes Kopfnicken oder einfach ein deutlicher Blick noch verbreiteter sind, um sein Gegenüber auf etwas aufmerksam zu machen.

Aber nicht nur Menschen, auch Hunde verstehen solche Fingerzeige. Das hat unter anderen die Biologin Juliane Kaminsky vom Max-Planck-Institut in Leipzig vor einigen Jahren mit einer Art Hütchenspiel für Hunde herausgefunden. Kaminsky setzte ihre Versuchshunde vor zwei umgestülpte Plastikbecher, von denen nur einer ein Stück Futter enthielt. Wenn die Forscherin nun auf einen der Becher zeigte, deuteten die Tiere das als kleine Hilfestellung und stießen fast immer zuerst diesen Becher um, um an das leckere Futterstück heranzukommen – sie hatten den Fingerzeig also kapiert. Und auch Blicke können Hunde erstaunlich gut deuten. Um dies zu untersuchen, brachte Kaminsky Hunde in eine moralische Zwickmühle. Sie legte ihnen ein Stück Wurst direkt vor die Pfoten, verbot ihnen aber, dieses zu fressen. Die gut erzogenen Hunde (zum Teil stellte die Leipziger Polizei ihre Tiere als »Testpersonen« zur Verfügung) hielten sich zunächst auch brav zurück, selbst wenn man ihnen ansehen konnte, wie schwer ihnen das fiel. Drehte sich Kaminsky jedoch mit dem Rücken zum Hund oder verließ sie den Raum, so konnten die Hunde der Versuchung nicht länger widerstehen und schnappten sich den Leckerbissen. Offenbar war den Tieren also klar: »Solange Frauchen in meine Richtung guckt, wird sie mich beim Wurstklau erwischen. Wenn sie aber grad mal nicht schaut, kann ich mir ungestraft den Happen schnappen.« Das klingt vielleicht nicht nach vierbeinigen Intelligenzbestien. Denn wir Menschen können uns ziemlich gut vorstellen, wie die Welt aus der Perspektive eines anderen aussieht und was er dabei denkt. Für Tiere jedoch ist das alles andere als normal. Weder Wölfe noch die sonst so intelligenten Schimpansen können Gesten und Blicke auch nur annähernd so gut deuten wie Hunde.

»Wenn es darum geht, menschliches Verhalten zu deuten, kommt kein anderes Tier an die Fähigkeiten von Hunden heran«, findet Kaminsky.

Die Verhaltensforscher vom Max-Planck-Institut erklären sich das eben damit, dass Hunde im Laufe ihres Jahrtausende währenden Zusammenlebens mit dem Menschen gelernt haben, dessen Körpersprache zu deuten. »Gelernt« ist dabei allerdings nicht ganz das passende Wort, denn in Wirklichkeit veränderten sich die Hunde über viele Generationen hinweg, weil der Mensch zahme und kommunikationsfähige Tiere eher für die Zucht benutzte. Diese Eigenschaften gingen dann auf die Nachkommen über (siehe »Die Guten ins Töpfchen: Domestizierung durch Auslese«, Seite 104).

Wie sehr sich Hund und Wolf heute unterscheiden, zeigt ein einfaches Experiment von Vilmos Csányi von der Universität von Budapest, in dem der ungarische Forscher Hunde mit zahmen Wölfen verglich, die zusammen mit Hundewelpen aufgezogen worden waren. Csányi befestigte ein Stück Fleisch so in einem kleinen Drahtkäfig, dass die Tiere es bestens sehen und riechen, aber unmöglich daran herankommen konnten. Während Wölfe stundenlang mit den Pfoten und Zähnen an dem Draht herumkratzten, bemühten sich Hunde nur kurz. Dann drehten sie sich zu Csányi um und baten ihn mit leidenden Blicken um Hilfe.

Schuldbewusst oder nur scheinheilig?

Allerdings muss man sich bei solchen Versuchen als Wissenschaftler hüten, die Tiere zu sehr zu vermenschlichen und zum Beispiel allzu viel in den Blick eines Hundes hineinzudeuten. Ein Klassiker ist da der vermeintlich schuldige Blick eines Hundes, der gerade die Pantoffeln von Herrchen zerfetzt oder ein Häufchen auf den schönen Teppich gesetzt hat. Die meisten Hundebesitzer würden schwören, dass ihr nicht ganz stubenreiner Freund genau weiß, dass er etwas Verbotenes angestellt hat und deswegen so beschämt nach oben guckt und den Schwanz einzieht. Die amerikanische Verhaltensforscherin Alexandra Horowitz wollte das genau wissen und machte eine Reihe von Experimenten mit New Yorker Hunden und ihren Herrchen und Frauchen. Das Ergebnis: Die Hunde setzten immer dann den schuldigen Blick auf, wenn sie geschimpft wurden – ob sie zuvor etwas angestellt hatten oder nicht, spielte dabei keine Rolle.

Das Experiment von Horowitz macht deutlich, wie sehr wir dazu neigen, menschliche Gefühle und Gedanken in Tiere hineinzudeuten. Es zeigt aber auch, wie gut sich der Hund an den Menschen angepasst hat – er versteht sehr genau, wenn er geschimpft wird, und zeigt mit seinen scheinbar schuldbewussten Blicken ein Verhalten, das die Herzen der meisten zornigen Hundehalter weich werden lässt.

Offenbar sind Hunde also von Geburt an darauf vorbereitet, mit dem Menschen in Kontakt zu treten und seine Blicke und seine Körpersprache zu deuten. Sie können dem Herrchen aber auch zeigen, wenn sie Hilfe brauchen. Unklar ist Wissenschaftlern noch, wie es zu dieser Eigenheit der Hundepersönlichkeit kam. Womöglich suchten die Steinzeitmenschen unter den Welpen immer genau die aus, die menschliche Signale, Blicke und Gesten besonders gut deuten konnten. Diese kommunikationsfreudigen Tiere waren dann vielleicht auch die besseren Hirtenhunde, so die eine Theorie.

Eine neuere Theorie besagt dagegen, dass die besonderen Fähigkeiten unserer Hunde nur eine Art Nebenprodukt waren, als die Nachfahren der Wölfe im Laufe der Jahrtausende immer zahmer und zutraulicher wurden. Dafür sprechen zum Beispiel Experimente von Julia Kaminsky, der Tierforscherin aus Leipzig, mit Hausziegen. Auch sie können menschliche Blicke und Fingerzeige viel besser deuten als ihre wilden Verwandten. Und das, obwohl Ziegen dem Menschen immer nur als Milch- und Fleischlieferanten gedient haben und nicht als Freund und Begleiter wie der Hund.

Fuchs, du hast die Angst verloren

Einen weiteren Beleg für diese Theorie haben russische Wissenschaftler in einem nun schon 50 Jahre dauernden Experiment mit Füchsen gefunden. Die Tiere, die heute in den Ställen in der Nähe der Stadt Novosibirsk leben, sind die Ururur- (eigentlich müsste hier fünfzigmal die Silbe »Ur« stehen) Enkel der ersten noch völlig wilden Silberfüchse, mit denen das Experiment 1959 begann. Bei der Auswahl der Zuchttiere folgten die Wissenschaftler einer einzigen Regel: Sie wählten immer nur die zahmsten Tiere einer Generation zur Weiterzucht aus. Wie erwartet wurden die Nachfahren ausgesprochen zutraulich. Wenn man sich den Käfigen nur nähert, reagieren sie wie Hundewelpen, die sich beim Anblick ihres Herrchens vor Freude gar nicht mehr einkriegen und wie wild winseln und schwanzwedeln. Mit ihren braunen Augen folgen sie jeder Bewegung des Menschen, feuchte Fuchsschnauzen saugen begierig den Geruch einer an den Käfig gehaltenen Hand auf. Doch das ist nicht alles: Die Füchse aus Novosibirsk sind fast genau so gut wie Hunde, wenn es um das Deuten von Blicken und Gesten des Menschen geht.

Vielleicht, so glauben manche Forscher, musste auch der Wolf eben nur seine angeborene Scheu vor dem Menschen verlieren, um ihm in die Augen sehen zu können und mit ihm so zu kommunizieren, wie es seine Nachfahren, die Hunde, heute können.

Unsere vierbeinigen Hausgenossen kommen dem Traum von einer direkten Kommunikation zwischen Mensch und Tier wohl am nächsten, auch wenn es nie sprechende Hunde geben wird. Andererseits: Wer weiß schon, welch superschlaue Hunderassen sich in weiteren tausend Jahren entwickelt haben werden?

Die Guten ins Töpfchen: Domestizierung durch Auslese

Nach den Hunden haben noch eine Reihe von anderen Tierarten die sogenannte Domestizierung, also die Verwandlung vom Wild- zum Haustier, durchgemacht: Ob Schaf, Ziege, Schwein, Rind, Huhn, Katze und selbst das Hausmeerschweinchen – sie alle sind schon seit Jahrtausenden Hausgenossen des Menschen und haben sich mehr oder minder von ihren wilden Verwandten wegentwickelt. Entscheidend war dabei die sogenannte Zuchtwahl durch den Menschen. Er suchte immer jene Tiere zur Zucht aus, die die gewünschten Eigenschaften besaßen.

Will man zum Beispiel eine Hühner-
rasse, die möglichst viele Eier legt, so
könnte die Zuchtwahl so ablaufen:
Man wählt von allen Hühnern im
Stall die drei besten Legehen-
nen aus und lässt nur sie ihre
Eier ausbrüten und die Küken
aufziehen. Unter diesen Küken
gibt es später sowohl gute wie
schlechte Eierleger, doch im
Durchschnitt sollten sie
etwas mehr Eier legen.
Wählt man nun
unter diesen

wieder nur die besten Leger zur Weiterzucht und wiederholt das Ganze etliche Male, bekommt man schließlich Hochleistungslegehennen, wie sie heutzutage zu Tausenden in modernen Hühnerställen leben, wo sie fast jeden Tag ein Ei legen. Wildhühner und alte Hühnerrassen brauchen dagegen drei Tage Erholungspause, bis das nächste Ei legereif ist. Noch beeindruckender ist die Steigerung der Leistung bei Milchkühen. Eine einzige Kuh kann heute über 20 000 Liter Milch im Jahr produzieren, ihre wilden Vorfahren schafften vermutlich nur 10 000.

Im Prinzip macht der Mensch mit seiner strengen Auslese übrigens nichts anderes als die Natur: Vor über 150 Jahren beschrieb der britische Naturforscher Charles Darwin in seinem Buch »Die Entstehung der Arten durch natürliche Zuchtwahl«, wie sich Tiere und Pflanzen durch den Prozess der natürlichen Auslese an veränderte Lebensbedingungen anpassen und wie dabei neue Arten entstehen. In seinem Buch, mit dem er die moderne Evolutionsbiologie begründete, betonte Darwin auch, wie ähnlich diese natürliche Auslese der gezielten Züchtung durch den Menschen ist. Der entscheidende Unterschied liegt in der Geschwindigkeit, mit der sich die Eigenschaften einer Art ändern. Während es in der Natur meistens Jahrtausende bis Jahrmillionen dauert, bis sich in winzigen Schritten eine neue Art entwickelt, haben Züchter oft schon nach wenigen Generationen Erfolg und einer Tierart ein neues Merkmal »angezüchtet«. Kein Wunder, denn in der Natur müssen sich Tiere mit einer neuen Eigenschaft erst gegen andere Tiere durchsetzen, ein Züchter dagegen sucht sich seine Zuchttiere ganz gezielt heraus.

Kapitel 5

Manche Menschen werden Popstars oder Konzertpianisten, die meisten anderen singen nur zum Vergnügen unter der Dusche oder pfeifen sich ein Liedchen. Aber Menschen, die niemals Musik machen und auch keinen Spaß daran haben, gibt es kaum. Die wenigen, die es gibt, leiden zumeist an einer seltenen Störung, der Amusie. So selbstverständlich uns Musik begleitet: Biologisch gesehen ist sie eine der seltsamsten Gaben des Menschen, denn außer Spaß an der Freud' hat sie keinen offensichtlichen Wert für sein Überleben, anders als etwa das hervorragende Kommunikationsmittel Sprache. Musik sei ein reines Produkt der menschlichen Kultur, ist oft zu lesen. Tiere, die in der freien Wildbahn immer nur an ihr Überleben denken müssen, hätten dafür nichts übrig. Doch auch in Sachen Musik gilt: Je genauer man im Tierreich nach musikalischen Begabungen sucht, desto mehr wird man fündig – eine weitere vermeintlich typisch menschliche Fähigkeit verliert ihre Einzigartigkeit.

Was hält mein Hund von Mozart?

Peggys musikalische Vorlieben waren eindeutig. Spielten meine Eltern auf dem Flügel des Hauses Klavier, so kam die hellbeige Promenadenmischung angelaufen, machte es sich auf dem Teppich unter dem Instrument bequem und schlief selig ein. Übte ich dagegen auf meinem Cello, so sprang sie auf und verließ das

Zimmer. Das fand ich ziemlich beleidigend, aber Hunde sind eben nicht besonders höflich.

Heute frage ich mich: Was genau missfiel unserer Hündin? Habe ich das Stück nicht schön genug gespielt? Waren es die unsauberen Töne, die auf einem Cello nur schwer zu vermeiden sind? Oder war es irgendetwas am Klang des Cellos an sich und Peggy hätte auch das Weite gesucht, wenn ihr der weltberühmte Cellist Yo Yo Ma ein Ständchen gespielt hätte?

Peggy gibt es schon lange nicht mehr. Aber die Frage, ob Tiere überhaupt etwas mit menschlicher Musik anfangen können, und wenn ja, wo die Gemeinsamkeiten und die Unterschiede zwischen Mensch und Tier in Sachen Musikalität bestehen, beschäftigt heute viele Forscher.

Wer früher auch nur davon sprach, dass Tiere so etwas wie Musikalität haben könnten, wurde unter Wissenschaftlern schnell belächelt. Inzwischen ist das anders. Klar: Symphonien und Chart-Hits kennt nur der Mensch. Aber auf die Frage, wie und warum unsere Vorfahren in der Steinzeit oder noch viel eher damit begannen, zu singen, zu trommeln und zu musizieren, kann der Blick auf die musikalischen Begabungen von Tieren wahrscheinlich mehr Antworten geben als alle archäologischen Ausgrabungen (siehe »Der Ursprung vom Singen und Musizieren: Musikevolution«, Seite 117).

Von der Erforschung der Musikalität bei Tieren erhoffen sich Wissenschaftler Rückschlüsse darauf, welche Elemente der Musik Menschen und Tiere ähnlich wahrnehmen und welche allein der Mensch versteht. Das ist eine ganz ähnliche Grundidee wie bei der Erforschung von Sprache und Tierkommunikation, wo es ja auch darum geht, das typisch Menschliche an unserer Sprache besser zu verstehen.

Das ist doch keine Musik!

Das große Problem bei der Suche nach Antworten ist: Musik ist vor allem Geschmackssache und keine exakte Wissenschaft. Schwierig wird es schon ganz zu Beginn, wenn man diesen Begriff überhaupt definieren will. Ein Blick in das Lexikon liefert auch keine echte Hilfe. Als »organisierte Form von Schallereignissen« wird die Musik dort bezeichnet. Das kann natürlich vieles bedeuten – wenn man mit voller Absicht ein Glas auf dem Boden zerklirren lässt, ist das auch ein Schallereignis – und organisiert ist es auch. Und als die Jugendlichen in den sechziger Jahren tagein, tagaus die Platten der Beatles hörten, riefen viele Eltern: »Mach endlich den Krach aus!« Heute sind die Beatles dagegen Oldies, die gerade älteren Menschen gefallen. Die aufmüpfigen Jugendlichen von damals empfinden heute wiederum die Musik ihrer eigenen Kinder und Enkel als Krach – was einem gefällt und was man scheußlich findet, hat auch in der Musik vor allem mit Gewohnheiten und Moden zu tun.

Manche Komponisten der sogenannten modernen klassischen Musik haben es sich direkt zur Aufgabe gemacht, die Grenze zwischen Krach und Musik auszuloten. Der deutsche Tonkünstler Karlheinz Stockhausen zum Beispiel schrieb in den Neunzigern des 20. Jahrhunderts ein Stück für vier Streichinstrumente und vier Hubschrauber, das sogenannte Helikopterquartett. Das wurde bisher allerdings erst einmal aufgeführt, weil der organisatorische Aufwand enorm ist. Zunächst einmal braucht man dafür vier Helikopter samt Piloten, in denen dann jeweils einer der Musiker mit seinem Instrument Platz nimmt. Während die vier Hubschrauber in Formation über dem Veranstaltungsort kreisen, werden die Töne der Musiker mit Hilfe

aufwendiger Funktechnik zu den Kollegen in den anderen Hubschraubern und zum am Boden wartenden Publikum übertragen. Das ist ganz schön viel Aufwand für ein musikalisches Endergebnis, das mit dem, was die meisten Menschen als schön empfinden, nicht viel zu tun hat (siehe »Schönheit liegt in den Ohren des Hörers«, S. 126).

Noch weiter trieb es der berühmte amerikanische Komponist John Cage in seiner Komposition »Vier-Dreiunddreißig«: Das Stück besteht aus drei Sätzen, die zusammen vier Minuten und 33 Sekunden dauern. Es kann von einer beliebigen Zahl von Musikern und Instrumenten, aber auch von absoluten Laien aufgeführt werden, denn die einzige Vorgabe für die drei Sätze lautet: »Tacet«, also »Spiele überhaupt nichts«, oder »Stille«.

Cage meinte das übrigens todernst, noch viele Jahre später bezeichnete er »4:33« als sein wichtigstes Werk. Die vielen Leute, die sich nach der Uraufführung über das Stück lustig machten, hätten es nur nicht verstanden, so Cage: »Sie haben den entscheidenden Punkt verpasst. Es gibt keine Stille. Was sie dafür hielten, weil sie nicht richtig zuhörten, war voller zufälliger Geräusche. Während des ersten Satzes konnte man den Wind draußen hören, im zweiten Satz hämmerten Regentropfen aufs Dach und im dritten Satz machten die Leute selbst allerlei interessante Geräusche, als sie zu tuscheln begannen oder den Saal verließen.« Richtig absurd wurde der Streit, ob das Stück nun Musik ist oder nicht, zehn Jahre nach dem Tod von Cage: Im Jahr 2002 stritten sich seine Erben vor Gericht mit dem englischen Komponisten Mike Batt, der mit seinem Werk »Eine Minute Stille« (der Titel sagt alles) angeblich das Urheberrecht verletzt hatte und am Ende tatsächlich über 100 000 englische Pfund Schadensersatz zahlen musste.

Kompositionen wie das Helikopterquartett oder »4:33« gehen sicher an die Grenze dessen, was wir unter Musik verstehen. Auf der Suche nach dem Musikverständnis der Tiere müssen wir uns deshalb auf eine etwas engere Definition von »Musik« beschränken. Wenn man irgendwo in Europa oder Amerika aufgewachsen ist, meint man damit in der Regel ein Schallereignis mit einer erkennbaren, mehr oder minder leicht nachzusingenden Melodie, begleitet von wohlklingenden Akkorden in Dur oder Moll, die diese Melodie untermalen und manchmal mit schrägeren Klängen auch für etwas Spannung sorgen. Und dann hat Musik fast immer einen klar erkennbaren Rhythmus, den »Beat« eines Popstücks zum Beispiel.

Tirilierende Vögel und singende Wale

Auf der Suche nach diesen Elementen der Musik im Tierreich wird man leicht fündig, man muss nur im Frühjahr morgens das Fenster aufmachen. »Welch ein Singen, Musizier'n, Pfeifen, Zwitschern, Tirilier'n!« heißt es im bekannten Volkslied »Alle Vögel sind schon da«. Und tatsächlich klingt das, was Amsel, Drossel, Fink und Star so von sich geben, oft schon sehr wie menschliche Musik. Einige Forscher sehen das auch so und betonen die Gemeinsamkeiten von Vogelgesang und Musik. So haben viele Vogelarten nicht nur sehr melodisch klingende Gesänge, sondern sie gliedern diese auch ganz ähnlich wie bei menschlichen Liedern in Strophen und Refrains.

Den französischen Komponisten Oliver Messiaen regten solche Vogelgesänge zu diversen Werken für Klavier und Orchester an. Allerdings machen diese Stücke auch deutlich, wie groß der Unterschied zwischen Vogelgezwitscher und unserer Alltagsmusik ist: Klare Tonarten, wie man sie von »Alle meine Entchen« bis zu Mozart gewohnt ist, gibt es in Messiaens Werken nicht. Und auch seine Rhythmen sind nicht immer leicht nachzuvollziehen.

Trotzdem lieben nicht nur Fans moderner Kompositionen Messiaens Vogelmusik – im Vergleich zum Helikopterquartett klingt sie auch für ungeübte Ohren noch halbwegs harmonisch.

Musik ist eben Geschmackssache – haben Vögel also nur einen etwas ungewöhnlichen Musikgeschmack?

Nein, sagen die meisten Musikologen und betonen die aus ihrer Sicht grundlegenden Unterschiede zwischen Menschenmusik und Vogelgesang. Unsere Musik gefällt Männern, Frauen und Kindern gleichermaßen und alle können sie machen. Bei den meisten Vogelarten dagegen sind die Rollen klar verteilt: Der Mann singt, die Frau hört zu und die Kinder halten den Schnabel. Denn wie wir schon im Kapitel über die Sprache gesehen haben: Vogelmännchen singen, um anderen etwas mitzuteilen. Und zwar die ganze klare Ansage an alle Artgenossen in Hörweite: »In diesem Revier bin ich der Boss! Weibchen sind willkommen, Männchen fliegen raus!«

Auch wenn wir uns als Menschen nicht in den kleinen Kopf eines Amselmännchens hineinversetzen können, so kann man doch mit ziemlicher Sicherheit davon ausgehen, dass Vögel nicht wie der Mensch einfach so zum Spaß und für den Hörgenuss singen, sondern immer, um ihren Artgenossen ein ganz konkretes Signal zu geben.

Erkennen Sie Brahms?

Tiere haben also von sich aus offenbar nichts erfunden, was unserer Musik wirklich ähnlich wäre. Aber bedeutet das schon, dass Sie komplett unmusikalisch sind? Klingen Mozart, die Beatles oder Robbie Williams für sie genau so interessant oder uninteressant wie das Rauschen des Windes oder ein vorbeifahrendes Auto? Oder anders gefragt: Hat menschliche Musik nicht vielleicht doch Eigenschaften, die sie auch für tierische Ohren als eine besondere Art von Geräusch erkennbar und vielleicht sogar angenehm machen?

Das sind Fragen, die nicht nur Hundehalter, sondern zunehmend auch Wahrnehmungspsychologen und Verhaltensforscher beschäftigen, die sich daraus auch Rückschlüsse auf die Wurzeln unseres menschlichen Sinnes für Musik erhoffen.

Ein Klassiker in diesem Forschungsgebiet sind Studien mit Tauben, die die amerikanischen Psychologen Debra Porter und Allen Neuringer vom Reed College in Portland Anfang der 1980er Jahre durchführten. Sie benutzten dafür ein schon lange vorher bewährtes Verfahren, um Tiere zu einem bestimmten Verhalten zu dressieren. Dabei muss das Tier, wenn es einen bestimmten Reiz, etwa ein rotes Licht oder einen Signalton wahrnimmt, eine bestimmte Sache machen, etwa eine von zwei Tasten drücken, um ein Stück Futter als Belohnung zu bekommen. Das Besondere an Porters und Neuringers Studie waren die Signalreize: Taste 1 gab nur Futter, wenn gleichzeitig ein Orgelstück von Johann Sebastian Bach erklang, das Signal für Taste 2 waren Ausschnitte aus Igor Strawinskys Ballettmusik »Sacre du Printemps«.

Die Tiere brauchten zwar eine Weile, um den Unterschied zwischen Barockmusik des 17. Jahrhunderts und dem schrägen »Sacre« von 1913 zu erkennen, doch nach etwas Übung erwiesen sie sich als echte Kenner. Spielten die Forscher ihnen andere klassische Komponisten wie Dietrich Buxtehude oder Domenico Scarlatti vor, so pickten sie auf die Bach-Taste. Musik von modernen Komponisten wie Elliott Carter und Walter Piston ordneten sie dagegen zuverlässig der Strawinsky-Taste zu. Offensichtlich erkannten die Tiere also nicht nur die Stücke wieder, mit denen sie trainiert worden waren, sondern konnten das Gelernte auch auf ihnen unbekannte Musik anwenden.

Dabei kontrollierten die Forscher mit Hilfe moderner Orgelstücke und barocker Orchestermusik, dass nicht etwa die Art der Instrumentierung den entscheidenden Hinweis gab, sondern tatsächlich die unterschiedlichen Musikstile des 17. und des 20. Jahrhunderts. Einen Ausrutscher erlaubten sich die Tiere allerdings: Ein Violinkonzert aus der Feder des 1678 geborenen Barockkomponisten Antonio Vivaldi wurde regelmäßig in das Töpfchen mit moderner Musik sortiert – ob Vivaldi seiner Zeit wirklich so voraus war, wie manche seiner Fans heute finden?

Die Begabung, zwei Musikstile auseinanderzuhalten, fanden Forscher bald darauf auch in einer Reihe anderer Tierarten. So ließ sich der Unterschied zwischen Barock und Moderne auch Spatzen und Ratten beibringen. Und Koi-Karpfen (die sehr viel größeren und teureren japanischen Verwandten des Goldfischs), die auf Bach und John Lee Hooker trainiert wurden, konnten nachher recht genau unterscheiden, ob auf ihrer speziellen Aquarien-Stereoanlage Blues oder Klassik lief. Die Fische brauchten allerdings sehr viel länger, um zu kapieren, bei welcher Musik sie welche Taste mit dem Maul drücken mussten, um ein Stück Trockenfutter zu bekommen.

Kompositionen von Bach und Strawinsky unterscheiden sich in vielerlei Hinsicht – woran also machten die Tiere den Unterschied fest? Gezielte Studien zeigten, dass viele Vögel, Nager und Affen auch ohne größeren musikalischen Zusammenhang konsonante (also wohlklingende) von dissonanten (schrägen) Akkorden unterscheiden oder verschiedene Melodien und Tonabstände auseinanderhalten können.

Tauben als Kunstkritiker

Das Kunstverständnis von Tauben beschränkt sich nicht nur auf Musik: 1995 berichtete der japanische Psychologe Shigeru Watanabe, dass seine Tauben sogar Gemälde der berühmten Maler

Pablo Picasso und Claude Monet auseinanderhalten konnten. Und im Jahr 2008 brachte er seinen Versuchsvögeln schließlich so etwas wie Kunstgeschmack bei. Er präsentierte ihnen von Schulkindern gemalte Bilder, die von deren Lehrern entweder als besonders gelungen oder besonders missraten bewertet worden waren. Nach einer Weile hatten die Vögel offenbar kapiert, was ein gutes und was ein schlechtes Bild ausmacht, und konnten neue Bilder recht zuverlässig in diese zwei Kategorien aufteilen.

Tauben als Kunstkritiker? Nicht wirklich: Seit den sechziger Jahren wissen Verhaltensforscher, dass Tauben und auch viele andere Tiere erstaunlich gut im sogenannten Kategorisieren sind und das Gelernte auch auf nie gesehene Varianten zu übertragen wissen. So lernen sie zum Beispiel, wie ein typisches Eichenblatt aussieht, und können es bald von einem Blatt Esche, Buche oder Ahorn unterscheiden. Dafür dürfen die Blätter dann auch ruhig mal etwas anders geformt sein als die typischen Beispiele aus dem Botanik-Lehrbuch. Diese beachtliche Fähigkeit, Dinge in Kategorien einzuteilen, ist eigentlich auch kein Wunder, denn sie hilft der Taube beim Überleben. In freier Wildbahn hilft sie ihr zum Beispiel, einen Falken immer als Falken zu erkennen, auch wenn er mal etwas anders aussieht oder seinen Ruf variiert. Und im Labor hilft sie, mit geringstmöglichem Aufwand Futterbelohnungen zu bekommen.

Immerhin wurde mit solchen Studien bewiesen: Tiere können musikalische Reize erkennen und auseinanderhalten. Ein zwingender Beweis für Kunstsinn und Musikalität ist dieses erstaunlich differenzierte Wahrnehmungsvermögen allerdings nicht – die Frage, ob Tiere menschliche Musik genießen, ist also wissenschaftlich noch immer nicht geklärt.

Wenig Zweifel daran haben die Produzenten und Käufer diverser »Musik für Tiere«-CDs, die laut Cover nicht nur »musikalische Leckerbissen« für Hund, Katze und Maus (»Ihr Nager wird begeistert sein!«), sondern bei längerer Beschallung sogar eine Stärkung des Immunsystems versprechen. Dabei empfehlen Haustierpsychologen für Katzen klassische Musik, während Vögel angeblich besser auf Rock ansprechen.

Der Ursprung vom Singen und Musizieren: Musikevolution

Lange Zeit galt Musik, ähnlich wie Sprache und Kultur, als eines der Merkmale, die den Menschen vom Tier unterscheiden. Und tatsächlich kennen alle menschlichen Kulturen die eine oder andere »organisierte Form von Schallereignissen«, seien es nun komplexe Kompositionen der europäischen klassischen Musik, nicht minder komplexe Rhythmen der klassischen Musik Indiens oder die von Generation zu Generation überlieferten Gesänge von Naturvölkern.

Wann genau unsere Vorfahren begannen, ihren Stimmapparat für erste Gesänge zu gebrauchen, lässt sich heute nicht mehr herausfinden. Die ersten Flötentöne hatten sie sich jedenfalls schon vor mindestens 35 000 Jahren beigebracht. Aus dieser Zeit nämlich stammt die fast vollständige, aus dem Flügelknochen eines Gänsegeiers angefertigte Flöte, die Archäologen im Sommer 2008 in der Grotte Hohle Fels in der Schwäbischen Alb fanden.

Schwieriger noch als das Wann ist die Frage, warum der Mensch überhaupt anfing, Musik zu machen, und warum er lernte, diese »Schallereignisse« auch noch schön zu finden. Die Musik müsse zu den rätselhaftesten Gaben des Menschen gezählt werden, meinte schon Charles Darwin, der Begründer der Evolutionsbiologie. Denn nach seiner heute weitgehend anerkannten Theorie sollte eine Tierart, also auch der Mensch, nur solche Eigenschaften entwickeln, die ihm und seinen Nachfahren auch einen Vorteil beim Überleben oder der Fortpflanzung bieten. Und beim Finden von Nahrung oder beim Kampf gegen einen Säbelzahntiger helfen Gesänge und Flötentöne ja wohl kaum. Oder doch? Eine Theorie zur Evolution der Musik besagt, dass das Musizieren in einer Gruppe hilft, das Gemeinschaftsgefühl zu festigen – und das könnte letztlich einen Vorteil bei der gemeinsamen Jagd oder der Abwehr von Raubtieren bedeutet haben.

Darwin vermutete hinter der Musik aber etwas anderes. Seiner Meinung nach ist sie ein Mittel für Männer, sich bei den Frauen beliebt zu machen, so wie es der Pfau mit seinen eigentlich absurd langen und hinderlichen Schwanzfedern tut. Doch es gibt ein starkes Argument gegen diese Erklärung: Anders als bei balzenden Tiermännern sind beim Menschen beide Geschlechter musikalisch aktiv, was auch einer der grundlegenden Unterschiede zwischen menschlicher Musik und den Gesängen von Singvögeln oder Buckelwalen ist. Ein bloßes Balzritual kann sie also kaum sein.

Vielleicht ist Musik aber auch nichts anderes als »auditorischer Käsekuchen«, wie es der amerikanische Psychologe Steven Pinker vermutet. Sehr angenehm, aber zum Überleben absolut überflüssig. Pinker glaubt, dass unsere Musikbegabung nur ein Nebeneffekt von Hirnfunktionen ist, die sich eigentlich für eine andere menschliche Gabe mit klarem Vorteil für das Überleben entwickelt haben: die menschliche Sprache. Und tatsächlich sind beide ähnlicher, als man auf den ersten Blick denkt. Denn auch in der Sprache spielt »Musik« eine wichtige Rolle – in Form der Wort- und Satzmelodie. Sie macht zum Beispiel den Satz »Er geht schon nach Hause« durch einen leichten Anstieg der Tonlage gegen Ende als Frage erkennbar. Geht die Satzmelodie (oder, wissenschaftlich korrekt, die Prosodie) dagegen am Ende nach unten, so wird aus der Frage eine einfache Feststellung.

Welche dieser Theorien ist nun richtig? Inzwischen gibt es kaum noch Forscher, die ausschließlich an einen dieser verschiedenen Erklärungsansätze glauben. Wahrscheinlich haben sie vielmehr alle gleichzeitig dafür gesorgt, dass der Mensch zur Musik kam.

Der Muhhzart-Effekt

Mit wissenschaftlicher Genauigkeit sind die musikalischen Vorlieben bei Tieren aber nur schwer zu untersuchen. Eine oft gehörte Geschichte ist, dass Kühe angeblich mehr Milch geben, wenn sie mit ruhiger klassischer Musik beschallt werden. Manche Landwirte schwören auf diesen Mozart-Effekt im Kuhstall, doch erst im Jahr 2001 überprüften die britischen Psychologen Liam McKenzie und Adrian North ihn etwas genauer. Sie beschallten 340 schwarzweiße Holsteiner-Rinder für täglich zwölf Stunden mit Pop und Klassik. Tatsächlich fanden die Forscher einen Unterschied in der Milchausbeute von bis zu einem Dreiviertel Liter. Ausschlaggebend war allerdings nicht die Stilistik, sondern nur das Tempo der Musik: Gemächliche Stücke regten den Milchfluss an, schnelle Disconummern ließen ihn vorzeitig versiegen.

Ruhige Musik scheint bei manchen Tieren also einen ähnlich entspannenden Effekt zu haben wie beim Menschen – vielleicht ein Anzeichen dafür, dass auch Tiere einen Sinn für Musik haben? Ganz direkt untersuchte das der Psychologe Josh McDermott von der Universität in New York an südamerikanischen Lisztaffen. Die kleinen Äffchen, deren lustiger weißer Haarschopf ein wenig an die Frisur des Komponisten Franz Liszt erinnert, konnten sich in einem großen Käfig frei für eine von mehreren Kammern und damit für unterschiedliche Musik entscheiden, die ihnen darin vorgespielt wurde. Dabei zeigten sie sich aber trotz ihres Namens als absolute Kunstbanausen. Musik verschiedener Stilrichtungen, unterschiedlich wohlklingende Akkorde und selbst für Menschen schauderhafte Klänge wie jener von Fingernägeln auf einer Schultafel waren ihnen einfach

komplett egal. Die einzige Vorliebe, die McDermott bei seinen Äffchen feststellen konnte: je leiser, je lieber und am allerbesten einfach nur Stille. Wenn es aber schon Musik sein musste, so bevorzugten auch die Affen langsamere Stücke.

Kanzi, der rockende Affe

Lisztaffen wollen also offenbar nur ihre Ruhe, Musik ist ihnen schnurzpiepegal. Allerdings kann man an McDermotts Studie kritisieren, dass seine Affen in den Versuchen zum ersten Mal in ihrem Leben Musik hörten. Denn auch Menschen reagieren in dieser Situation ähnlich. Wer als Kind nie oder nur selten Musik hört, dem ist sie meistens auch später als Erwachsener recht gleichgültig. Berühmte Musiker stammen dagegen oft auch aus musikalischen Elternhäusern.

Und wie sieht es mit den nächsten Verwandten des Menschen, den Schimpansen aus? Leider gibt es zu diesem Thema noch so gut wie keine genauen Studien. Der sprachbegabte Zwergschimpanse Kanzi, den wir schon aus dem Kapitel zur Tiersprache kennen, spielt angeblich gerne auf einem elektronischen Keyboard und hat schon Besuch von Popstars wie Peter Gabriel und Paul McCartney bekommen, die zusammen mit ihm musizierten. Gabriel war nach seinem Besuch bei Kanzi überzeugt, dass auch der Affe »musikalische Intelligenz« besitzt und Musik nicht nur gut findet, sondern sogar selbst auf seinem Keyboard erzeugen kann. Doch bis jetzt hat noch niemand genauer untersucht, ob der Affe dabei nur wild und zufällig auf dem Keyboard herumhämmert oder wirklich kontrolliert Musik macht.

Das ist der Rhythmus, wo jeder mitmuss

Musik besteht nicht nur aus Tönen. Der zweite ganz wichtige Teil ist der Rhythmus. Ohne das Gefühl für einen gemeinsamen Takt könnten Menschen gar nicht zusammen musizieren oder in der Disco nach Musik tanzen. Gerade diese Begabung, einen Rhythmus zu erkennen und die eigenen Bewegungen danach auszurichten, galt bisher als etwas, das nur Menschen können. Doch dann kam Snowball, ein Gelbhauben-Kakadu, der auf Youtube zum Tanzstar wurde. In einem sehr beliebten Filmchen auf dem Videoportal tanzt der Vogel zu dem Hit »Everybody« der Backstreet Boys wie ein echter Profi: rechts, links, Fuß in die Höhe und dazu heftiges Kopfnicken und Haubenaufstellen. Und das alles so gut im Rhythmus, dass sich mancher Tanzschüler davon ein Scheibchen abschneiden könnte.

Zu Snowballs Fans zählt auch Aniruddh Patel. Der Biologe vom Neurosciences Institute in San Diego wollte es genau wissen und ließ den Kakadu zu künstlich verlangsamten oder beschleunigten Versionen seiner Lieblingslieder tanzen. Tatsächlich konnte Snowball seine Schritte und Kopfbewegungen über einen weiten Tempobereich an die Musik anpassen und kleine Abweichungen schnell korrigieren – ein Beweis dafür, dass er sich nicht nur zufällig im richtigen Tempo bewegte, sondern wirklich zum Beat tanzte.

Besitzt dieser Kakadu etwa eine einmalige musikalische Sonderbegabung? Snowballs Geschichte brachte die Doktorandin Adena Schachner von der Harvard-Universität in Boston auf die Idee, Youtube nach weiteren Videos tanzender Tiere zu durchforsten. Nach einem strengen Auswahlverfahren blieben 33 Aufnahmen übrig, auf denen sich wirklich ein Tier synchron zum Rhythmus von Musik bewegte. Die Überraschung war groß. Praktisch alle Tänzer gehörten zur großen Gruppe der Papageienvögel, zu der auch Kakadus und Sittiche zählen.

Allerdings tanzen auch diese intelligenten Tiere in der freien Wildbahn nicht zu Musik – woher stammt also ihre Begabung, den Rhythmus eines Musikstücks aufzunehmen und sich dazu

zu bewegen? Patel und Schachner sehen den Schlüssel dafür in der sprichwörtlichen Fähigkeit der Papageien zum Nachplappern. Denn um das zu schaffen, muss das Gehirn der Vögel die gehörten Laute analysieren und dann ein entsprechendes Bewegungsprogramm für die Muskeln von Kehle und Schnabel erzeugen. Um zur Musik zu tanzen, müssen sie dann eben nicht ihren Sprachapparat, sondern ihre Beine entsprechend steuern, so Patel.

Eben diese Fähigkeit fehlt offenbar sowohl Menschenaffen als auch Haustieren – zwei Tiergruppen, bei denen die Forscher zunächst Tänzer erwartet hatten. Jedenfalls fanden sich auf Youtube keine entsprechenden Videos von Schimpansen oder Gorillas, obwohl diese manchmal mit den Händen auf Äste oder die eigene Brust trommeln, um sich bemerkbar zu machen, und obwohl man ihnen als nächsten Verwandten des Menschen dessen Rhythmusgefühl am ehesten zugetraut hätte. Und auch Hund und Katze können offenbar nicht tanzen, obwohl diese schon seit Jahrtausenden mit Menschen zusammenleben und Zeit genug gehabt hätten, sich mit seiner Musik anzufreunden.

Fürs Erste bleiben die tanzenden Papageien also ein wissenschaftliches Rätsel. Die Frage, die Wissenschaftler wohl nie ganz sicher beantworten können, ist dabei eigentlich die interessanteste: Hat Snowball Spaß, wenn er zu den Backstreet Boys abrockt? Wenn man sich die Videos im Internet ansieht, kann man gar nicht anders, als zu denken: »Der tanzt aus Leidenschaft und mit voller Begeisterung.« Aber dann sollte man auch wieder an Thomas Nagel und seine Fledermaus denken: Als Menschen können wir nie ganz verstehen, was in einem Kakadu vor sich geht – ebensowenig wie im Kopf von Peggy, der Hündin mit der Abneigung gegen Cellomusik.

Schönheit liegt in den Ohren des Hörers

Musik aus China, Indien oder Arabien klingt für unsere europäischen Ohren oft ziemlich schräg. Genauso seltsam finden Menschen aus diesen Ländern aber auch unsere westliche Musik. Offenbar kommt es für die späteren Vorlieben also vor allem darauf an, was man von klein auf gewöhnt ist. Was sind dann aber die Universalien von Musik, also jene Elemente, die in der Musik aller Kulturen gleich sind?

Eine der ganz wenigen unumstößlichen Regeln der Musik in aller Welt kann man ganz leicht an einer Gitarre ausprobieren: Drückt man eine ihrer Saiten auf dem zwölften Bund, also genau in der Mitte, auf das Griffbrett, so erklingt der gleiche

Ton, nur eine Oktave höher. Überall auf der Erde nehmen Menschen Töne mit einer Oktave Abstand zwar als unterschiedlich hoch, aber doch irgendwie gleich wahr, und auch Tiere können die Ähnlichkeit gut erkennen. Diese sogenannte Oktavengleichheit lässt sich recht gut mit der Physik schwingender Saiten und Schallwellen erklären: Die beiden Töne schwingen im Verhältnis 1:2. Die leere, also nicht gegriffene A-Saite einer Gitarre schwingt zum Beispiel 110-mal pro Sekunde (man sagt auch: mit 110 Hertz), spielt man das A auf dem 12. Bund eine Oktave höher, so schwingt die halbierte Saite doppelt so schnell, mit 220 Hertz.

Mit der Oktavengleichheit endet die Liste der unumstrittenen musikalischen Universalien aber auch schon wieder. Unsere westliche Musik teilt den Abstand dazwischen in zwölf Halbtonschritte auf, aus denen sich dann alle möglichen Dur- und Molltonleitern mit ihren Ganzton- und Halbtonschritten konstruieren lassen. Auf dem Klavier sieht man das besonders gut: Für die C-Dur-Tonleiter benutzt man nur die weißen Tasten, die fünf dazwischenliegenden schwarzen Tasten bleiben unbenutzt, man braucht sie aber, um andere Tonarten zu spielen.

Doch diese Aufteilung der Oktave in zwölf Halbtöne ist vor allem ein Ergebnis von vielen Jahrhunderten europäischer Musiktradition. Andere Kulturen teilen den von einer Oktave abgesteckten Tonraum ganz anders auf, mal in fünf, mal in sieben, mal in 19, mal in 24. Anders als die Oktave scheinen Tonleitern und die Abstände der einzelnen Töne darin also weitgehend eine kulturell bedingte Geschmackssache zu sein.

Das ist der Grund, warum sich zum Beispiel die Musik Arabiens und Indiens auf einem westlich gestimmten Klavier gar nicht richtig wiedergeben lässt – man braucht schon die entsprechend gestimmten Instrumente dafür. Trotzdem kann sich diese Musik auch in europäisch geprägte Ohren einschmeicheln, wie der Erfolg mancher arabischer Pop-Musik auch im Westen zeigt. Man muss sich nur eine Weile an ihren Klang gewöhnen. Und dann ist es gerade dieser etwas andere Sound, der die Musik so interessant macht.

Kapitel 6

In den letzten Kapiteln haben wir neben vielen Gemeinsamkeiten auch immer wieder die Grenzen gesehen, die Tier und
Mensch trennen. Wie hoch ist diese Mauer aber in Wirklichkeit? Lassen sich die angeborenen Unterschiede durch eine entsprechende Erziehung überwinden, wenn man es nur energisch
genug versucht? An diesen Fragen rätseln Wissenschaftler schon
seit Jahrzehnten. Gerade in der ersten Hälfte des 20. Jahrhunderts gab es unter ihnen zwei sehr gegensätzliche Meinungen.
Die einen waren überzeugt, dass bereits im Erbgut eines Babys
festgeschrieben ist, wie intelligent ein Mensch als Erwachsener
werden kann, oder auch, ob er zum Verbrecher geboren ist – die
Natur unserer Erbanlagen bestimmt ihrer Meinung nach unser
Schicksal, egal wie sehr wir versuchen, es selbst in die Hand zu
nehmen.

Ihre Gegenspieler glaubten nicht so sehr an die Macht der
Natur, sondern an die Kraft prägender Erfahrungen und der Erziehung. Wenn man es nur oft genug Klavier üben lasse, könne
jedes Kind zu einem erfolgreichen Konzertpianisten werden,
meinte zum Beispiel der berühmte Psychologe Burrhus Frede-
ric Skinner. Diese beiden gegensätzlichen Positionen werden oft
mit zwei englischen Schlagworten zusammengefasst: »Nature
oder Nurture«, wobei Nature die Rolle der Natur (also der Erbanlagen) meint und Nurture wörtlich übersetzt so viel bedeutet
wie »Nahrung« – geistige Nahrung in diesem Fall.

Von der alles bestimmenden Kraft von Geistesnahrung und
Erziehung war auch der junge amerikanische Psychologe Win-

throp Kellogg überzeugt. Mit einem ungewöhnlichen Experiment wollte Kellogg den Beweis liefern: Selbst ein Affe lässt sich zum Menschen erziehen!

Der Affe und das Kind

Am 26. Juni 1931 bekam Donald, der zehn Monate alte Sohn von Winthrop Kellogg und seiner Frau Luella ein seltsames Geschwisterchen. Gua war ein Mädchen, sieben Monate alt und ein Schimpanse aus einem nahe gelegenen Forschungsinstitut in Florida. Kelloggs Plan: Gua sollte kein Haustier sein, sondern haargenau so aufwachsen wie sein eigener Sohn. Eine ziemlich verrückte Idee. Wie Kellogg darauf kam, hat er nie genau erklärt. Vermutlich war die Idee dazu seit 1927 in ihm herangereift. Damals wurde in den Zeitungen und auch in einem Fachmagazin für Psychologen erstmals über die beiden indischen Wolfsmädchen Kamala und Amala berichtet. So wie die Geschichte 1927 erzählt wurde, schien es keinen Zweifel zu geben: Die beiden waren mit Wölfen aufgewachsen und benahmen sich auch entsprechend. Die Zweifel am Wahrheitsgehalt der Berichte, die wir im Kapitel über Wolfskinder genauer unter die Lupe genommen haben, waren damals noch weitgehend unbekannt.

Kellogg glaubte, dass die beiden bedauernswerten Mädchen ein Beleg für seine Überzeugung waren, dass vor allem die Umstände während der frühen Kindheit die Entwicklung eines Menschen bestimmen. Aber natürlich waren irgendwelche Geschichten aus Indien noch kein stichhaltiger Beweis. Kellogg dachte deshalb darüber nach, wie er seine Theorie wissenschaft-

lich exakt überprüfen könnte. Eine naheliegende Möglichkeit
wäre, ein Kind zusammen mit Tieren aufwachsen zu lassen und
dabei genau seine Entwicklung zu studieren. Aber selbst dem
begeisterten Wissenschaftler Kellogg war klar, wie unmensch-
lich ein solches Experiment wäre.

Gua und Donald

Es gab noch eine andere Lösung: Wenn man schon nicht guten
Gewissens ein Kind zum Tier machen darf, könnte man doch
wenigstens den umgekehrten Weg gehen und ein Tier zum Menschen erziehen. Die Idee mit dem Adoptiv-Schimpansen war geboren. Nun musste er noch seinen Arbeitgeber, die Universität von Indiana, überreden, ihm ein ganzes Jahr freizugeben,
Geldgeber für sein Experiment finden und vor allem seine Frau
Luella überzeugen. Die fand die Idee offenbar zuerst gar nicht
so toll wie ihr Mann. »Die Begeisterung von einem von uns traf
auf so viel Widerstand des anderen, dass eine Einigung unmöglich schien«, schrieb Kellogg später reichlich umständlich. Wie
sehr sich die jungen Eheleute über Kelloggs Idee in die Haare
gerieten, ist aber nicht überliefert. Am Ende setzte sich Kellogg
jedenfalls gegen seine schwangere Frau durch und nachdem Luella ihren kleinen Donald in Indiana zur Welt gebracht hatte,
zogen die drei nach Florida. Hier stieß Gua zur Familie Kellogg, ein Schimpansenkind aus dem Affenpark des berühmten
Primatologen (Affenforschers) Robert Yerkes im benachbarten
Städtchen Orange Park. Eigentlich fand Kellogg Gua schon ein
bisschen zu alt für sein Experiment, aber er war glücklich, überhaupt einen jungen Schimpansen zu bekommen.

Eine ganz normale Familie

Von da ab waren die Kelloggs für die nächsten neun Monate, die das Experiment dauerte, rund um die Uhr mit ihren beiden Zöglingen beschäftigt. Um sicherzugehen, dass auch wirklich alles, was Donald und Gua lernten und erlebten, so ähnlich wie möglich war, mussten sie die beiden fast durchgehend betreuen – Pause hatten sie nur, wenn ihre unterschiedlichen Kinder endlich schliefen. Gua wurde in Kinderkleidchen gesteckt und lernte zusammen mit Donald, was kleine Kinder eben so lernen: von einem Teller essen, aus einem Glas trinken, auf einem Stuhl sitzen oder aufs Klo zu gehen anstatt in die Windel zu machen.

Soweit hätte man die Kelloggs noch für eine ganz normale Familie mit Affen halten können. Aber weil das Ganze eine wissenschaftliche Studie war, mussten die beiden Kleinen auch noch jeden Tag unzählige Untersuchungen über sich ergehen lassen: Blutdruck, Gewicht, Körpergröße, Aufmerksamkeit, Reflexe, Lautäußerungen, körperliche Stärke, Anzeichen von Intelligenz und Sprachvermögen, Gehorsam, die Reaktion auf Kitzeln und noch vieles mehr standen auf der langen Liste der Dinge, die Kellogg regelmäßig erfasste. Für die beiden war das vermutlich nicht immer so lustig. Um ihre Schreckhaftigkeit zu testen, feuerte Kellogg zum Beispiel eine Spielzeugpistole hinter ihnen ab. Oder er klopfte ihnen mit einem Löffel auf den Kopf und machte sich Notizen über den so erzeugten Klang – bei Donald war es ein dumpfer, bei Gua dagegen ein eher heller Ton.
Nach einem besonders liebevollen Vater klingt das nicht und Kellogg wurde für sein Experiment auch von vielen Kollegen kritisiert, die es für moralisch nicht vertretbar hielten, ein Kind

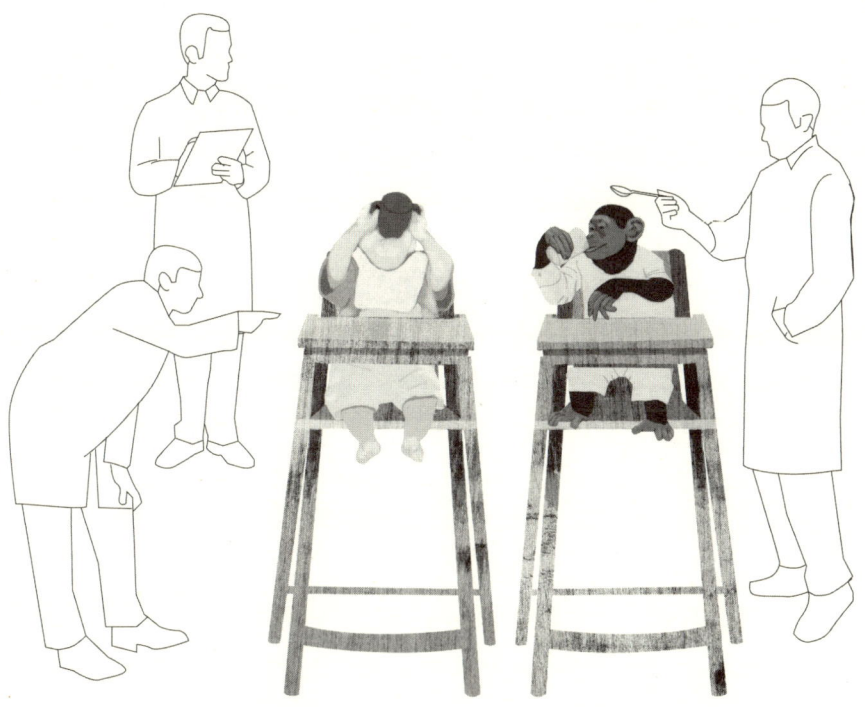

zum Versuchsobjekt zu machen. Heute würden viele Menschen wohl auch Bedenken haben, ob es für ein Affenkind wie Gua gut ist, ohne ihre echte Mutter oder zumindest Artgenossen aufzuwachsen, aber über das Wohlbefinden von Tieren machte man sich damals noch nicht so viele Gedanken wie heute.

Auf den alten Bildern und Filmaufnahmen von Gua und Donald im Internet machen die beiden ungleichen Geschwister allerdings einen glücklichen Eindruck. Sie laufen Händchenhaltend durch den Garten, schmusen oder lassen sich von Luella in einem Bollerwagen ziehen.

Von einer extrem engen Freundschaft zwischen den beiden berichtet Kellogg auch in seinem Buch »Der Affe und das Kind«, in dem er auf fast 350 Seiten die Ergebnisse seines Experiments zusammenfasst. Fast vom ersten Moment an waren die beiden unzertrennlich. Vor allem Gua lief Donald die ganze Zeit hinterher. Und wenn die beiden doch einmal getrennt wurden, blickte sie dem Jungen traurig hinterher. Wenn Gua Angst hatte, war ihre erste Reaktion, zu Donald zu laufen und sich an ihn zu schmiegen.

Aber auch Donald liebte seine kleine Freundin, hielt ihre Hand und drückte sie oft. Wenn Gua in ihrem Kinderstühlchen saß und nicht herauskonnte, kam er angelaufen und umarmte sie von unten, worauf sie ihren Kopf auf seine Schulter legte.

Die beiden liebten aber auch ihre Eltern. Während Donald eher am Rockzipfel seiner Mutter Luella hing, entwickelte Gua

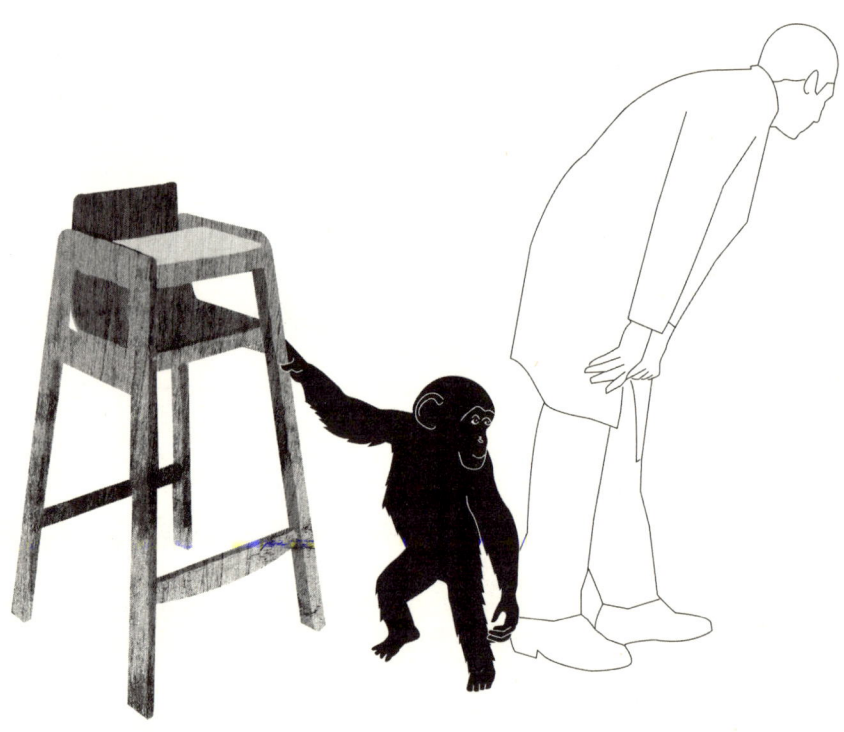

eine besondere Vorliebe für Winthrop. Wenn dieser mal nicht zu Hause war, schnappte sie sich ein getragenes Hemd von ihm aus der Wäsche und trug es mit sich herum – auf diese Weise hatte sie zumindest den Geruch ihres Ziehpapas in der Nase. Diese Anhänglichkeit nutze Kellogg für einen etwas gemeinen Versuch: Er setzte Gua auf einen kleinen Stuhl und schärfte ihr ein, dass sie dort sitzen bleiben solle, während er in eine andere Ecke des Raums ging. Das gefiel Gua, die nicht gern allein war, überhaupt nicht. Als sie sich jedoch daranmachte, von dem Stuhl herunterzuklettern, ermahnte sie Kellogg scharf, sitzen zu bleiben. Was tun? Gua hatte die Lösung: Als Kellogg eben nicht guckte, sprang sie vom Stuhl, schob ihn ganz nah an ihn heran und setzte sich dann schnell wieder so hin, als wäre nichts geschehen. Kellogg, der das Ganze nur inszeniert hatte, um zu sehen, was Gua tun würde, war schwer beeindruckt, wie clever Gua ein ihr völlig neues Problem löste.

Gelehrige Gua

Auch in vielen anderen Dingen erwies sich die kleine Äffin als äußerst geschickt und gelehrig. So lernte sie ebenso schnell wie ihr Vergleichsbruder Donald, mit Gabel und Löffel von einem Teller zu essen oder aus einem Wasserglas zu trinken, ohne eine Riesensauerei anzurichten. Auch begann sie im Alter von 11 Monaten ganz von alleine, wie ein Mensch auf zwei Beinen zu laufen. Das tun wilde Schimpansen zwar auch für kurze Strecken, meistens bevorzugen sie aber den typischen Affengang auf allen Vieren, wobei die Hände zur Faust geballt werden. Offenbar wollte Gua es aber ihrer menschlichen Familie gleichtun, anstatt ihren angeborenen Instinkten zu folgen.

Und wie sah es mit der Sprache aus, der vermutlich wichtigsten Eigenart des Menschen? Von Anfang an konnte Gua wie jeder Schimpanse kreischen und hecheln. Menschliche Worte ahmte sie dagegen nie nach. Das ist aber auch nicht verwunderlich, denn wie man heute weiß, sind der Mund und die Stimmbänder von Affen für die meisten Laute der menschlichen Sprache einfach nicht geeignet. Kommunizieren konnte sie trotzdem, mit einer Art Zeichensprache: Wenn sie müde war, legte sie sich einfach kurz mit dem Kopf auf den Boden und signalisierte so, dass sie allmählich ins Bett wollte. War sie hungrig, knabberte sie die Kleidung der Kelloggs an oder begann, an ihren Fingern zu saugen.

Wenn es darum ging, menschliche Sprache zu verstehen, wenn jemand anders sie ansprach, stellte sich Gua dagegen recht geschickt an. Gegen Ende des Experiments, als sie knapp eineinhalb Jahre alt war, konnte Gua 95 verschiedene Wörter und kurze Sätze wie »Nein!«, »Wo ist deine Nase?«, »Mach die Schublade zu!« verstehen und entsprechend darauf reagieren, etwa indem sie mit dem Finger auf ihre Nase zeigte. Donald war da zunächst etwas langsamer, holte dann aber auf und konnte am Ende ähnlich viel verstehen wie Gua.

Plötzliches Ende

Früher oder später hätte Donald seine affige Schwester in Sachen Sprache sicher hoffnungslos abgehängt, aber am 28. März 1932 brach Winthrop Kellogg das Experiment nach gut neun

Monaten ab und brachte Gua zurück in den Affenpark. Warum sich Kellogg so entschied, ist nicht bekannt, er schrieb zu dieser Frage auch nie etwas in einem seiner Bücher und Magazinartikel. Vielleicht wollte er das Experiment von vornherein nicht länger laufen lassen, vielleicht machte auch seine Frau Luella Druck, die sich ja von Anfang an nicht besonders für die Idee vom haarigen Adoptivkind begeistert hatte.

Vielleicht lag der Grund aber auch gerade in der Sprachfähigkeit der beiden: Dass Gua nicht ein einziges Wort sprechen konnte, fand Kellogg wohl etwas enttäuschend. Aber auch Donald sprach mit seinen gut anderthalb Jahren noch nicht mehr als drei Worte – in einem Alter also, in dem die meisten Kleinkinder schon kurze Sätze bilden. Dafür konnte Donald zwar alle Geräusche und Rufe von Gua perfekt nachahmen, aber es kann gut sein, dass sich die Kelloggs Sorgen machten, dass ihr Sohn nie richtig sprechen lernen würde, wenn er weiter mit einer Affenschwester aufwachsen würde. Vielleicht war Kellogg aber auch einfach der Meinung, dass er genug bewiesen hatte. Dass sich nämlich ein Affenjunges erstaunlich ähnlich wie ein menschliches Kleinkind entwickelt, wenn es die gleiche Erziehung erhält und die gleichen Erfahrungen macht.

Heute gibt es übrigens kaum noch Forscher, die in der Diskussion über »Nature und Nurture« streng der einen oder anderen Seite anhängen. Und eigentlich ist Kelloggs Experiment noch immer eines der besten Beispiele dafür, dass die Wahrheit wie so oft irgendwo in der Mitte liegt: In vielen Punkten passte sich Gua ihrer menschlichen Umgebung an und wurde einem Menschenkind ähnlich. Aber dass Kellogg sie nicht zum Sprechen bringen konnte, beweist, dass sie dabei doch immer ein Affe blieb. Ihr fehlten nicht nur der Stimmapparat eines Menschen, sondern auch die spezielle Sprachintelligenz und das typisch menschliche Bedürfnis, sich mit Worten auszudrücken.

Vielleicht kann man den Kompromiss der Diskussion um Nature und Nurture so ausdrücken: Die Erbanlagen geben den groben Rahmen vor, Erfahrung und Erziehung besorgen die ganze Feinarbeit. So verdanken die allermeisten Konzertpianisten ihren Ruhm eben einer angeborenen Begabung, die sie durch unendlich viel Üben verfeinern müssen.

Guas Nachfolger

Übrigens machten später noch einige Forscher ähnliche Versuche wie die Kelloggs. In den fünfziger Jahren nahmen die Psychologen Catherine und Keith Hayes eine Schimpansin namens Vicky in ihre Familie auf und versuchten jahrelang, ihr das Sprechen beizubringen. Am Ende konnte sie trotzdem nur vier Laute, die mit etwas Phantasie wie »Mama«, »Papa«, »Cup« (Tasse) und »up« (oben) klangen.

Wesentlich erfolgreicher waren Ende der sechziger Jahre Beatrix und Allen Gardner mit der Schimpansin Washoe. Sie sahen ein, dass Affen schon daran scheitern, überhaupt die richtigen Laute zu erzeugen, um wie ein Mensch sprechen zu können. Also brachten sie Washoe stattdessen die amerikanische Gebärdensprache bei, mit der sich gehörlose Menschen genauso gut unterhalten können wie andere Menschen mit gesprochener Sprache. Der Erfolg gab den Gardners recht. Washoe lernte über Hundert Wort-Gesten, die sie auch zu einfachen Sätzen verbinden konnte. Damit war der Anfang gemacht. Wie weit es später die Gorilladame Koko oder der Zwergschimpanse Kanzi mit der Gebärdensprache oder der Kommunikation über Bild-symbole gebracht haben, haben wir ja bereits im Kapitel Sprache und Kommunikation gesehen.

Und was wurde aus den vier Kelloggs? Winthrop und Lu-ella blieben im warmen Florida, wo Winthrop bis 1965 an der dortigen Universität forschte und Studenten ausbildete. Donald lernte doch noch sprechen, offenbar sogar sehr gut, denn er studierte an der berühmten Harvard-Universität und wurde Arzt. Allerdings litt er später unter schweren Depressionen und nahm sich Anfang der siebziger Jahre, mit gerade mal etwas über 40 Jahren, das Leben. Ob das, wie manche meinen, mit dem seltsamen Experiment in seiner Kindheit oder allgemein mit dem offenbar sehr strengen Vater zu tun hatte, lässt sich heute kaum noch ergründen.

Auch das weitere Schicksal von Gua ist kurz und traurig: Zurück im Affenpark konnte sie sich offenbar nicht mehr in die Gruppe ihrer Artgenossen eingliedern und wurde zur Außen-seiterin. Nicht lange danach starb sie – woran ist nicht überlie-fert.

Kapitel 7

Irgendwie ist es ja schon schade, dass an den Geschichten über Wolfskinder so wenig Wahres dran ist. Immerhin kommt das Verhältnis zu unseren Haustieren der schönen Vorstellung von einer Freundschaft zwischen Mensch und Tier recht nahe – für viele Menschen ist ihr Schnuffi der beste Freund, und auch wenn wir nie genau wissen werden, was im Kopf eines Hundes wirklich vor sich geht, so kann man doch davon ausgehen, dass er uns als Spielkamerad, Futterdosen-Aufmacher und Streicheleinheiten-Lieferant ziemlich gut findet.

Bärenmänner und Affenforscher

Mensch und Hund haben sich seit Jahrtausenden aneinander gewöhnt. Aber auch andere Tiere können sich bei Menschen wohl fühlen und eine besondere Bindung mit ihnen eingehen – wir wollen das einmal »Freundschaft« nennen, auch wenn man sicher noch etliche Unterschiede zu »echten« Freundschaften zwischen Menschen finden könnte. Das Beispiel von Gua und Donald Kellogg zeigt, wie eng eine solche Freundschaft werden kann, auch wenn es keine gemeinsame Sprache gibt und der eine ein Mensch und die andere ein Affe ist.

Kann eine solche Freundschaft auch zwischen Menschen und wildlebenden Tieren entstehen? Die allermeisten Wildtiere empfinden für Menschen, die ihnen draußen in freier Natur über den Weg laufen, vor allem eines: Angst. Und den meisten Menschen sind wilde Tiere ebenfalls unheimlich. Ein Eichhörnchen findet man vielleicht noch süß, solange es nicht zu nahekommt, aber einer Horde Wildschweine möchte man lieber nicht im Wald begegnen (zu Recht übrigens, denn die können ziemlich gefährlich werden, vor allem, wenn sie gerade ihre Jungen spazieren führen).

Normalerweise meiden sich Mensch und Wildtier also. Doch es gibt immer wieder Menschen, die versuchen, diese unsichtbare Grenze zu überwinden. Mit viel Geduld bemühen sie sich um das Vertrauen von wilden Tieren. Ihre Beweggründe dafür sind sehr unterschiedlich. Einige sind durchgeknallte Tierliebhaber, andere berühmte Wissenschaftler. Und manche beides.

Fuchs und Fotograf

Füchse leben unter uns. Selbst in großen Städten wie Berlin leben Tausende von ihnen und suchen sich nachts im Abfall der Menschen ihr Futter. Doch zu sehen bekommt man selbst diese Stadtfüchse nur selten, denn trotz der großen Nähe haben sie ihre natürliche Scheu vor dem Menschen nicht ganz abgelegt.

Noch vorsichtiger sind ihre Artgenossen in den Wäldern. Trotzdem schaffte es der deutsche Naturfotograf Günther Schumann Anfang der neunziger Jahre, das Vertrauen einer im nordhessischen Reinhardswald lebenden wilden Füchsin zu erwerben. Elf Jahre lang besuchte Schumann seine Freundin fast jeden Tag im Wald. Feline, wie er die Füchsin nannte, vertraute ihm so sehr, dass sie ihm sogar ihre Jungen als Babysitter überließ, während sie auf die Jagd ging. Anderen Menschen gegenüber blieb

Feline dabei genauso scheu wie jeder andere Fuchs. Schumann konnte deshalb nie andere Besucher mitbringen. Dass es die besondere Freundschaft zwischen Mann und Füchsin aber wirklich gab, beweisen die zahllosen Fotos und Filme, die er während ihrer Treffen machte. Die Freundschaft endete 2001, als Feline plötzlich nicht mehr an den üblichen Treffpunkten auftauchte – vermutlich war der damals bereits recht alten Füchsin etwas zugestoßen. Schumann sah sie jedenfalls nie wieder.

Timothy Treadwell, der Grizzly Man

Sehr viel tragischer ist die Geschichte um den Amerikaner Timothy Treadwell, die der berühmte deutsche Regisseur Werner Herzog in seinem Dokumentarfilm »Grizzly Man« erzählt. Treadwell war ein radikaler Tierschützer, der sich voll und ganz dem Schutz der Grizzlybären Alaskas verschrieben hatte. Im Winter arbeitete er als Kellner in allen möglichen Restaurants in Kalifornien, um Geld für sein »wahres Leben« unter seinen geliebten Bären zu verdienen. Das begann mit den Sommermonaten. Treadwell flog nach Alaska und zog, nur mit dem Allernotwendigsten zum Überleben ausgerüstet, in die entlegene Wildnis des Katmai-Nationalparks. Dort stellte er sein Zelt auf und verbrachte den ganzen Tag mit »seinen« Bären, denen er Namen wie »Mr. Chocolate«, »Hulk« oder »Daisy« gab. Er schwamm mit ihnen im Fluss, sah ihnen aus wenigen Metern Entfernung beim Fang von Lachsen zu und trug ihnen sogar Liedchen und Gedichte vor. Was sich Treadwell dabei dachte, derart vertraulich mit diesen bis zu 700 Kilogramm schweren Raubtieren umzugehen, ist schwer nachzuvollziehen. Am ehesten kann man es erahnen, wenn man sich die Videos ansieht, die er mit einer auf einem Stativ montierten Kamera selbst aufnahm. Während im Hintergrund Bären durchs Bild spazieren, erzählt Treadwell darin von den Persönlichkeiten seiner vermeintlichen Freunde und wie es ihm mit viel Geduld gelungen sei, ihr Vertrauen zu erlangen. Treadwell war sich durchaus bewusst, wie gefährlich so ein riesiger Bär sein kann. Doch er bildete sich ein, dass er durch seine große Erfahrung mit ihrem Verhalten und ihrer Körpersprache vor einem möglichen Angriff sicher wäre. Die Realität schien ihm zunächst recht zu geben: Immerhin überlebte Treadwell dreizehn Sommer zwischen Bären, ohne dass einer von ihnen ihm auch nur ein Haar gekrümmt hätte.

Die Videos, von denen in »Grizzly Man« viele Ausschnitte zu sehen sind, zeigen, dass Treadwell im Laufe der Zeit immer übermütiger, aber auch ein bisschen wunderlich wurde. Er spielte sich zum Beschützer seiner Bären und fast schon zum großen Leitbären auf, der sich vor nichts und niemandem zu fürchten brauchte. Er bezeichnete sie als seine Freunde und sagte ihnen immer wieder »I love you!«. Ob Treadwells Gefühle von Freundschaft und Liebe für seine Bären wirklich erwidert wurden? Werner Herzog vermutet in ihren Blicken nur ein »halbgelangweiltes Interesse für Nahrung«. Zu Treadwells Glück waren die Tiere im Sommer, als es mehr als genug Lachse und Beeren zu fressen gab, aber einfach nicht hungrig genug, um den komischen Zweibeiner zu jagen.

Am 5. Oktober 2003, als die nahrungsreiche Saison schon ihrem Ende entgegenging, passierte es schließlich doch. Einen Tag, bevor ein Buschpilot Treadwell wieder aus der Wildnis abholen sollte, griff ein Bär Treadwell an. Der hatte aus Prinzip niemals Waffen oder auch nur Tränengas dabei und konnte sich gegen das riesige Tier kaum wehren. Der Bär tötete Treadwell und nicht nur ihn: Zum ersten Mal in all den Jahren hatte Treadwell seine Freundin Amy mit nach Alaska gebracht. Als sie ihrem Freund helfen wollte, wurde auch sie mit einem Prankenhieb getötet.

Wildhüter des Nationalparks, die wenige Tage später nach den beiden sehen wollten, fanden nur noch ihre Überreste. Neben dem Zelt lungerte noch der Bär herum, den die Wildhüter als mutmaßlichen Menschenfresser erschossen. Dabei hatte dieser eigentlich nur getan, was Raubtiere eben tun: andere Tiere jagen und fressen. Dass sie dabei keinen Unterschied zwischen einem Reh und einem Menschen machen, sollte eigentlich niemanden wundern.

Für ein Wunder halten dagegen viele Experten, dass die Bären Treadwell überhaupt so lange in Ruhe gelassen hatten. Ein Verhaltensforscher formulierte es so: »Treadwell mag Bären geliebt haben, aber den Bären war Treadwell völlig egal. Bis einer von ihnen genug Hunger hatte und den Grizzly Man als essbar einstufte.«

Barfuss durch die Serengeti: Der Gepardenmann

Mit anderthalb Metern Länge und bis zu 60 Kilo Gewicht sind Geparden bei weitem nicht so groß und gefährlich wie Grizzlies. Aber Schmusetiere sind die afrikanischen Raubkatzen, die mit über 110 Stundenkilometern den Rekord für das schnellste Landtier der Erde halten, sicher auch nicht. Es gibt etliche Fälle, in denen Geparden in Zoos Wärter oder Besucher angriffen und oft schwer verletzten oder töteten.

Der deutsche Tierfilmer und Fotograf Matto Barfuss kann also von Glück sprechen, dass er sein Abenteuer mit einer wilden Gepardenfamilie in Afrika ohne größere Blessuren überstand. Es begann 1998, als Barfuss (der eigentlich Matthias Huber heißt) mit einem Geländewagen durch die Serengeti fuhr, eine riesige Savannenlandschaft im Osten Afrikas, in der neben einigen wenigen Bäumen und Büschen vor allem brusthohes Gras wächst. Von dem Gras ernähren sich gewaltige Herden von Zebras, Gnus, Antilopen, und von den Grasfressern wiederum leben die Raubtiere der Serengeti: Löwen, Leoparden und Hyänen oder eben die etwas schlankeren Geparden.

Als Barfuss mit dem Teleobjektiv seiner Kamera eine Gepardin mit ihren fünf Jungen entdeckt, entschließt er sich spontan, dasselbe zu versuchen wie Günther Schumann und sich das Vertrauen der Gepardenfamilie zu erarbeiten. Erst einmal folgt er den Tieren aus sicherer Distanz in seinem Geländewagen, doch zunächst benimmt sich die Mutter ziemlich ablehnend. Nach drei Wochen ist es dann endlich so weit. Barfuss steigt aus dem Auto, legt sich flach auf den Boden und wartet ab. Wahrscheinlich haben sich die Geparden zu diesem Zeitpunkt schon etwas an den seltsamen Zweibeiner in der rollenden Kiste gewöhnt, der ihnen andauernd folgt. Jedenfalls kommen zuerst die Jungen und dann auch ihre Mutter langsam näher, beschnüffeln den Mann und befinden ihn offenbar für ungenießbar, aber harmlos. Von da ab erlauben sie Barfuss, sich in ihrer Mitte aufzuhalten. Weitere 17 Wochen bleibt der junge Mann bei seinen Geparden und versucht, sich wie einer von ihnen zu verhalten. Er krabbelt, mit Knie- und Handschonern ausgestattet, auf allen Vieren und imitiert ihre gurrenden Laute. Die Jungen akzeptieren ihn als Spielkameraden und auch die Mutter vertraut ihm offenbar, denn wenn sie sich zu einem Nickerchen hinlegt, überlässt sie ihm die Aufsicht über ihre Jungen.

Erst am Ende der 17 Wochen verabschiedet sich Barfuss: Die Gepardenjungen sind inzwischen kräftige Halbwüchsige geworden und er kann immer schlechter mithalten, wenn sie auf Streifzug durch ihr Revier gehen. Zudem bekommt er beim Spielen immer öfter schmerzhafte Kratzer von den scharfen Katzenkrallen ab.

So erzählt jedenfalls Barfuss die spannende Geschichte auf seiner Webseite und in den Büchern, die er über sein Leben als Gepardenmann geschrieben hat. Er ist davon überzeugt, dass die Katzen ihn nicht als menschlichen Gast, sondern wirklich als einen der ihren in ihrer Mitte aufnahmen. Besonders wahrscheinlich ist das allerdings nicht. Normalerweise zieht eine Gepardin ihre Jungen ohne Hilfe des Vaters oder irgendeines anderen erwachsenen Geparden auf – es wäre also ein ziemlich unnatürliches Verhalten, wenn sie ihn als zweiten erwachsenen Geparden geduldet hätte. Außerdem reicht es wohl kaum, auf allen Vieren zu kriechen und ein bisschen zu knurren, um einem Geparden vorzugaukeln, man sei sein Artgenosse.

Was aber war Barfuss dann für die Raubkatzen? Das wussten sie wohl selbst nicht so genau – Mensch und Gepard laufen sich in der Natur nur sehr selten über den Weg und wenn, dann haben sie meistens großen Respekt voreinander und halten Abstand. Während sie sich an ihn gewöhnten, müssen sie zumindest gelernt haben, was Barfuss nicht war: Er war einerseits offenbar nicht gefährlich und passte andererseits auch nicht ins Beuteschema (Geparden jagen fast ausschließlich kleine Gazellen). Und junge Geparden sind ähnlich verspielt wie kleine Kätzchen, da hatten sie wohl auch nichts gegen einen zweibeinigen, langhaarigen Spielkameraden.

Matto Barfuss spricht von Vertrauen und Zuneigung zwischen ihm und seinen Geparden. Für ihn hat das sicher gestimmt, aber ob die wilden Geparden wirklich ähnliche Gefühle für ihn hatten, bezweifeln die meisten Wildtierbiologen. Das hängt natürlich auch davon ab, ob man überhaupt glaubt, dass Tiere Gefühle haben, beziehungsweise, ob sie diese so ähnlich wahrnehmen wie wir Menschen unsere menschlichen Gefühle – wir sind dieser schwierigen Frage ja schon im Kapitel über tierische Intelligenz begegnet.

Im Fall von Matto Barfuss und seinen Geparden gibt es allerdings noch größere Zweifel. Die Biologin Sarah Durant von der Londoner Zoologischen Gesellschaft, die seit bald 20 Jahren wilde Geparden in der Serengeti erforscht und als eine der besten Experten auf dem Gebiet gilt, glaubt zum Beispiel gar nicht, dass die ganze schöne Geschichte überhaupt je so stattgefunden hat.

Was Durant aber wirklich aufregt, ist etwas anderes. Die Annäherungsversuche von Barfuss empfindet sie einfach als Belästigung. Der Fotograf habe dabei ausgenutzt, dass eine Gepardenmutter mit kleinen Jungen nicht gut fliehen kann. Vor allem aber habe Barfuss durch sein Verhalten die Geparden in Gefahr gebracht. So sei es im Serengeti-Nationalpark aus gutem Grund verboten, den Tieren zu nahe zu kommen oder sie gar an die Anwesenheit von Menschen zu gewöhnen. Tiere, die die Angst vor Menschen verlernt haben, können auf ihren Streifzügen menschlichen Siedlungen zu nahe kommen und riskieren dabei, von den Dorfbewohnern erschossen zu werden. Denn die wissen ja nicht, warum die Raubkatzen so zutraulich sind und sehen in ihnen nur eine Gefahr für ihre Schafe und Ziegen. Und auch Barfuss' Hilfe beim Verteidigen einer von den Geparden erlegten Gazelle gegen Hyänen sei nur auf den ersten Blick ein Segen für die Katzen. »Dadurch verpassten die Jungen eine wichtige Lektion fürs Leben: dass es für einen Geparden nämlich besser ist, die Beute kampflos zu überlassen, als sich mit einer wesentlich stärkeren Hyäne anzulegen«, sagt Durant. Auch wenn er es vielleicht gut gemeint habe, so gelte doch für Barfuss die alte Regel von Gepardenschützern: »Geparden sind keine Gefahr für den Menschen, aber der Mensch ist eine Gefahr für die Geparden.«

Matto Barfuss sieht dies natürlich ganz anders und kann immerhin darauf verweisen, dass von den fünf jungen »seiner« Gepardenfamilie vier erwachsen wurden – deutlich mehr als normal, denn Gepardenjunge werden oft Opfer von größeren Räubern wie Löwen. Zudem haben Barfuss' Aktionen für Geparden und seit ein paar Jahren auch für die letzten Berggorillas Afrikas viel Aufmerksamkeit und Spendengelder für verschiedene Schutzprojekte eingebracht – Biologen, die immer alles richtig machen wollen, tun sich damit oft schwerer.

Jane Goodall: Die Frau, die sich nicht zum Affen machen ließ

Es gibt noch mehr Abenteurer und umstrittene »Tiermenschen« wie Timothy Treadwell oder Matto Barfuss. Der »Wolfsmann« Werner Freund zum Beispiel lebt in seinem Wolfspark im saarländischen Merzig eng mit seinen Schützlingen zusammen. Er füttert die Wolfswelpen persönlich von Mund zu Maul mit rohem Fleisch und balgt sich mit den erwachsenen Tieren um das Recht des ersten Futterbrockens, der in der Natur dem Alphatier zusteht. Ob seine in Gefangenschaft lebenden Tiere ihn aber tatsächlich als Leitwolf ansehen? Freund glaubt es zumindest.

Leute wie Treadwell, Barfuss oder Freund suchen aus spontaner Begeisterung die Nähe zu »ihren« Tieren und steigern sich so sehr in diese Beziehung hinein, bis sie denken, sie seien selber Bären, Geparden oder Wölfe.

Begeisterung für Tiere und ihr Verhalten ist sicher nichts Schlechtes und auch der Antrieb für die meisten Wildtierbiologen. Auch sie verbringen oft viele Wochen in der Wüste oder im Urwald und studieren das natürliche Verhalten von Tieren. Doch wenn Wissenschaftler mit wilden Tieren unterwegs sind, gehen sie die Sache ganz anders an. Eben weil sie das natürliche Verhalten der Tiere erleben wollen, versuchen sie, die Tiere so wenig wie möglich durch ihre Anwesenheit zu beeinflussen.

Das beste Beispiel dafür, dass sich eine große Tierliebe und wissenschaftliche Genauigkeit nicht gegenseitig ausschließen müssen, ist wohl die britische Affenforscherin Jane Goodall, die im Gombe-Nationalpark in Tansania als Erste das natürliche Verhalten von Schimpansen erforschte.

Goodalls Geschichte beginnt in den dreißiger Jahren in London, als die kleine Jane sich für die Bücher und Filme von Tarzan, dem Affenmenschen, begeistert, die damals unter Kindern ausgesprochen beliebt waren. Aber auch alle anderen Tiere haben es ihr angetan, wie eine Anekdote aus ihren frühen Tagen zeigt. Als Jane etwa vier Jahre alt ist, kann ihre Mutter sie eines Tages nirgends finden. Gerade als sie die Polizei rufen will, spaziert die Vermisste fröhlich zur Tür herein. Jane hatte sich im Hühnerstall stundenlang auf die Lauer gelegt, um herauszufinden, wie Hühner Eier legen. Mit Erfolg: Nach langem Warten hatte sich eine nichtsahnende Henne direkt vor ihr auf die Stange gesetzt und ein Ei ins Stroh plumpsen lassen.

Goodalls ganz besondere Liebe gilt jedoch schon früh Afrika und seinen Schimpansen. Diese Sehnsucht wird immer stärker, auch als sie als junge Frau schon als Kellnerin und Sekretärin arbeitet. 1957 – Jane ist gerade mal Anfang zwanzig – ist es dann so weit: Sie reist nach Afrika und findet einen Job am Kenianischen Nationalmuseum, wo sie dessen Direktor, den berühmten Frühmenschenforscher Louis Leakey kennenlernt. Leakey nimmt die junge, intelligente und begeisterungsfähige Frau unter seine Fittiche und ermöglicht ihr die Verwirklichung ihres größten Traums: die wildlebenden Schimpansen des Gombe-Nationalparks zu erforschen.

Heute ist es selbstverständlich, dass man sich in den natürlichen Lebensraum von Tieren begeben und sie dort beobachten muss, wenn man wirklich etwas über deren natürliches Verhalten herausfinden will. Damals war das noch anders. Wenn sich Forscher überhaupt für tierisches Verhalten interessierten, dann machten sie Experimente mit gefangenen Tieren in Zoos. Dabei lässt sich sicher auch einiges Interessante herausfinden, etwa, dass Schimpansen in vielen Situationen ziemlich clever sind und zum Beispiel Holzkisten aufeinanderstapeln, um an eine an der Decke hängende Banane zu kommen, oder dass sie sich wie Gua zu allen möglichen Verhaltensweisen abrichten lassen und dann brav mit Messer und Gabel essen.

Goodall geht die Sache jedoch komplett anders an. Viele Monate lang folgt sie einer bestimmten Gruppe von Schimpansen und versucht, das Vertrauen der Affen zu gewinnen. Sie rennt, krabbelt und klettert in gebührendem Abstand hinter ihnen her und schläft abends unter den Bäumen, auf denen sich die Affen über ihr ihre Schlafnester bauen. Auf den tagelangen Streifzügen kann sie nur wenig zu essen und zu trinken mitnehmen, so dass es oft nicht mehr als eine Handvoll Rosinen zum Abendessen gibt. Trotzdem schafft sie es, den Anschluss an ihre Affen nicht zu verlieren, und füllt ein Notizbuch nach dem anderen mit den ersten wissenschaftlichen Freilandbeobachtungen, die je von Schimpansen gemacht wurden.

Doch trotz ihrer monatelangen Mühen bleiben die Affen extrem scheu. Sie scheinen sich überhaupt nicht an die Anwesenheit der blonden Frau gewöhnen zu wollen und laufen laut kreischend davon, sobald sie versucht, auch nur ein kleines bisschen näher zu kommen. Nach einem Jahr glaubt selbst die unermüdliche Goodall nicht mehr daran, dass die Tiere sie je in ihrer Mitte dulden würden und will schon aufgeben. Eines Tages kommt es dann doch noch zum großen Wendepunkt: Der Anführer der Affenbande, ein alter, starker Schimpanse, dem Goodall den Namen David Greybeard gegeben hat, kommt plötzlich näher. Goodall bietet ihm eine Frucht an und tatsächlich nimmt der Schimpanse das Geschenk an und ergreift ihre Hand – die beiden kommunizieren »in einer Sprache, die viel älter ist als Worte«, wie es Goodall später nennt. Endlich akzeptiert David Greybeard die junge Frau als Teil der Gruppe. Nun dauert es nicht mehr lange, und alle anderen Schimpansen folgen dem Vorbild ihres Anführers.

Von da an lebt Goodall den Großteil ihrer Zeit wirklich direkt inmitten der Affen und kann spektakuläre Beobachtungen machen. Am 4. November 1960 zum Beispiel sieht sie zum ersten Mal, wie David Greybeard einen Grashalm benutzt, um damit in einem Termitenbau herumzustochern und sich die leckeren Insekten zu »angeln«. Kurz darauf beobachtet sie einen Affen dabei, wie er sich zu diesem Zweck einen Ast zurechtmacht, indem er dessen Blätter abstreift und ihn auf die passende Länge zurechtstutzt. Goodall erkennt: Das ist eine einfache Art von Werkzeugherstellung, durchaus vergleichbar mit dem, was Steinzeitmenschen taten, wenn sie sich einfache Steinmesser zurechtklopften. Im Jahr 1960 war das eine absolute Sensation, denn bis dahin hatten Forscher gedacht, dass allein Menschen intelligent genug wären, sich Werkzeuge zu basteln. Ja, man hatte diese Fähigkeit sogar zu einem der grundlegendsten Merkmale erklärt, in denen sich Mensch und Tier unterscheiden (seither hat man Werkzeuggebrauch noch bei etlichen

anderen Arten gefunden, darunter Delphine und Krähen, wovon ich schon im dritten Kapitel erzählt habe – die Forscher von damals wären wohl in Ohnmacht gefallen, hätten sie das gewusst).

Darüber hinaus fand Goodall noch sehr viel mehr völlig Neues über das Leben von Schimpansen heraus. Ohne sie wüsste man vermutlich heute noch nicht viel über das hochkomplizierte Sozialverhalten der Affen, zum Beispiel wie sie als Gruppe Jagd auf kleinere Affen und Gazellen machen, oder auch, wie sich verschiedene Schimpansengruppen manchmal gegenseitig bis zum Tod bekriegen.

Dian Fossey, die Urwaldhexe

Goodall wurde zum Vorbild für viele andere Forscher, die mit ähnlichen Methoden Menschenaffen, aber auch andere Tiere beobachteten. Die berühmteste davon ist wohl Dian Fossey, die nur wenige Jahre nach Goodall und ebenfalls unter der Anleitung von Louis Leakey damit begann, in Ruanda wildlebende Berggorillas zu erforschen. Fosseys Geschichte ist jedoch sehr viel tragischer als die von Goodall. Nachdem am Silvestertag 1977 ihr Lieblingsgorilla, ein junges Männchen namens Digit, Wilderern zum Opfer fiel, wurde sie immer verbitterter darüber, wie achtlos und brutal der Mensch mit seinen Affenverwandten umgeht. Bald fühlte sie sich nur noch zwischen »ihren« Gorillas zu Hause, die meisten Menschen verachtete sie dagegen. Bei den abergläubischen Einheimischen war Fossey bald als Hexe verrufen – ein Ruf, den sie sogar noch unterstützte, indem sie gefangengenommenen Wilderern drohte, sie zu verhexen. Durch ihre kompromisslose Art machte sie sich viele Feinde. Einer von ihnen muss es wohl gewesen sein, der sie am zweiten Weihnachtstag 1985 in ihrer Hütte in Ruanda erschlug. Der Mörder wurde nie gefasst.

Jane Goodall, die Fossey als Vorbild diente, ist dagegen heute noch immer unermüdlich für ihre Affen unterwegs. Nach Gombe kommt die sympathische alte Dame zwar nicht mehr so oft, dafür reist sie durch die ganze Welt und hält Vorträge über die Gefahren, die den letzten wildlebenden Menschenaffen Afrikas durch die Abholzung des Urwalds und die Gewehre von Wilderern drohen. Anders als der Grizzly Man Timothy Treadwell oder der Gepardenmensch Matto Barfuss hat sie es geschafft, sich gleichzeitig als Tierfreundin und Tierschützerin und als ernstzunehmende Wissenschaftlerin einen Namen zu machen. Ihre ehemaligen Studenten sind noch heute in Afrika unterwegs und finden auch fünfzig Jahre nach Goodalls ersten Berichten spannende Neuigkeiten vom Verhalten der wilden Affen heraus.

Gewöhnung schafft Vertrauen

Es müssen aber nicht immer Affen sein. Der amerikanische Verhaltensforscher Mark Bekoff zum Beispiel lief jahrelang (mit Pausen natürlich) mit wilden Kojoten über die Hügel der Prärie von Wyoming, um deren Verhalten zu studieren. Andere Forscher versuchten, sich unauffällig unter wilde Elefanten, Pinguine oder Erdmännchen zu mischen. Auch Tierfilmer und Fotografen nutzten die von Goodall begründete Methode der Habituierung (das bedeutet in etwa: Gewöhnung), um spektakuläre Aufnahmen aus dem Privatleben von Tierarten zu bekommen, die lange als viel zu scheu galten, um mehr als Schnappschüsse aus großer Entfernung von ihnen machen zu können.

Seit ihrem ersten Handschlag mit David Greybeard hat sich an der von Jane Goodall begründeten Forschungsmethode der Habituierung einiges verändert. Heute versucht man noch viel mehr als damals, das Verhalten der Tiere so wenig wie möglich zu beeinflussen. Jane Goodall lockte ihre Schimpansen zum Beispiel noch mit Hilfe von mitgebrachten Bananen an. Ein solches »Anfüttern« der Tiere ist zwar eine sehr effektive und relativ schnelle Art, um von einer Affengruppe akzeptiert zu werden, gleichzeitig kann das Füttern aber auch das Verhalten der Tiere stark verändern. Denn ein Schimpanse, der sich gerade den Bauch mit mitgebrachten Bananen vollgeschlagen hat, legt sich erst mal eine Runde schlafen, anstatt sich auf Termitensuche zu begeben. Und auf lange Sicht kann es passieren, dass Affengruppen ihr ganzes Wanderverhalten verändern, nur um immer zur rechten Zeit am Fütterungsplatz des Forschers zu sein. Aus diesen Gründen verzichten die meisten Forscher heute auf das Mitbringen von Futtergeschenken, auch wenn das die Sache sehr viel langwieriger macht.

Echte Freunde oder nur Mitläufer?

Stattdessen folgen sie den Tieren einfach so lange auf Schritt und Tritt, bis sich diese an sie gewöhnt haben. Auf den ersten Blick ähnelt das der etwas aufdringlichen Art von Treadwell oder Barfuss. Doch den entscheidenden Unterschied beschreibt Alexander Harcourt von der Universität von Kalifornien, der zusammen mit Dian Fossey die Berggorillas Ruandas erforschte, so: »Jane, Dian und wir alle, die mit wildlebenden Primaten arbeiten, haben nie versucht, Teil einer Affengruppe zu werden. Affen sind sowieso viel zu intelligent, als dass sie uns für einen von ihnen halten würden. Wir versuchen lediglich, uns als harmlose, bewegliche Teile in die Umwelt der Tiere einzufügen. Es geht darum, für die Tiere so uninteressant zu sein, dass sie uns nach Möglichkeit einfach ignorieren.«

Goodalls langjährige Mitarbeiterin, die britische Biologin Anne Pusey, sieht das genauso. Auch ihre ehemalige Chefin habe sehr schnell gemerkt, dass es besser ist, möglichst wenig persönlichen Kontakt mit den Tieren aufzunehmen. »Als ich 1970 nach Gombe kam, galt bereits die strenge Anweisung, nur möglichst ruhig bei den Affen zu sitzen und jeden Kontakt oder Interaktion mit ihnen zu vermeiden.« Manchmal sei das allerdings unmöglich, etwa wenn ein halbstarker Schimpansenmann zum Spaß und um seinen Artgenossen zu imponieren einen Forscher umschubst. Ein anderes Mal machte Pusey bei dem Versuch, den Schimpansen auf einem Jagdstreifzug zu folgen, zu viel Krach.

»Ich trat auf trockenes Laub, das laut knisterte und knackte. Ein Affe drehte sich zu mir um und gab mir mit einer Drohgeste zu verstehen, dass ich gefälligst nicht so einen Lärm machen sollte. Aber das war eine seltene Ausnahme, wo es doch zu so etwas wie persönlichem Kontakt kam. Ansonsten war ich ihnen ziemlich egal.«

Machen sich Forscher zum Affen?

Für die Affen sind die menschlichen Forscher also im Idealfall genauso interessant oder uninteressant wie irgendein Baum in ihrem Urwald. Doch wie ergeht es einem Menschen, der einen großen Teil seines Lebens mit wilden Affen verbringt – beginnt er irgendwann zu denken wie ein Affe, verschwimmt irgendwann die Grenze zwischen Tier und Mensch? Höchstens des Nachts, meint Anne Pusey. »Als ich noch regelmäßig und über mehrere Monate am Stück Schimpansen beobachtete, kam es schon öfter vor, dass sie mir auch im Traum erschienen und wir uns über alles Mögliche unterhielten.«

Richard Wrangham, ein anderer Weggefährte von Jane Goodall, sieht keine Gefahr, sich im Urwald zu sehr zum Af-

 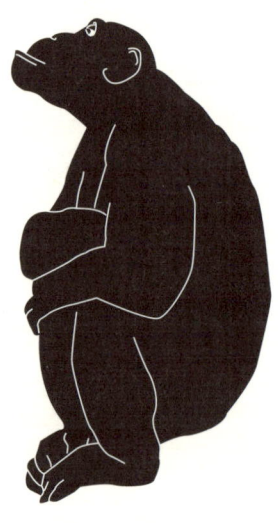

fen zu machen. »Klar, ich ertappe mich manchmal dabei, bei
Kämpfen mit meinen Favoriten mitzufiebern, und ich habe zugegeben auch Lieblinge und andere, die ich nicht ausstehen
kann. Aber deswegen bilde ich mir noch lange nicht ein, selbst
ein Affe zu sein.«

Zum Schluss

Unser Verhältnis zu Tieren schwankt zwischen zwei Extremen: Mal sprechen wir ihnen jede Fähigkeit zum Denken und Fühlen ab und missbrauchen sie als »Nutztiere«. Dann wieder übertreiben wir es in die andere Richtung und verhätscheln unsere Katze mit sündhaft teurer »Gourmet Pastete mit Lachs« und anderem Unsinn, als wäre sie ein kleiner, pelziger Mensch. Dabei würde sie vermutlich viel lieber auf dem Feld Mäuse jagen.

Sicher ist: Menschen sind Tiere, Tiere sind aber keine Menschen. Wir vergessen beides recht gern, je nachdem, was uns besser in den Kram passt.

Wie tief ist der Unterschied zwischen »ihnen« und »uns«? In diesem Buch habe ich einige Forschungsergebnisse zusammengetragen, die sich aus allen möglichen Richtungen mit dieser Frage befassen. Es gäbe von noch viel mehr spannenden Experimenten zu erzählen. Wie deren Ergebnisse zu deuten sind, ist unter Forschern oft ziemlich umstritten. Aber die umstrittenen Fragen machen Wissenschaft ja erst wirklich interessant.

Dabei sollte man nie vergessen: Noch vor wenigen Jahrzehnten dachten die meisten Biologen ganz anders über die geistigen Fähigkeiten von Tieren. Heute wissen wir zweifellos viel mehr, aber eben auch noch lange nicht alles. Und was Wissenschaftler in fünfzig oder hundert Jahren über ihre Kollegen von heute denken werden, wissen wir frühestens in fünfzig oder hundert Jahren. Insofern gilt: Wissenschaftler wissen auch nicht alles, eigenes Nachdenken ist erlaubt.

DIE BÜCHER MIT DEM BLAUEN BAND
Herausgegeben von Tilman Spreckelsen

Dieter Bartetzko, *Türme, Paläste und Kathedralen.*
Eine Zeitreise durch die Geschichte
der Architektur

John Boyne, *Der Junge im gestreiften Pyjama*

Nadia Budde, *Such dir was aus, aber beeil dich!*

John Christopher, *Der Fürst von morgen*

Dr. Seuss, *Grünes Ei mit Speck*

John D. Fitzgerald, *Mein genialer Bruder und ich*

Louise Fitzhugh, *Harriett – Spionage aller Art*

Clement Freud, *Grimpel*

Robert Gernhardt, *Ein gutes Wort ist nie verschenkt.*
Gedichte und Geschichten für Kinder

Marie Hamsun, *Die Langerudkinder*

Ludwig Harig, *Wie die Wörter tanzen lernten. Eine erlebte Poetik*

Herbert Heckmann, *Geschichten vom Löffelchen*

Oscar Hijuelos, *Runaway*

Felicitas Hoppe, *Iwein Löwenritter*

Ole Lund Kirkegaard, *Hodja im Orient*

Georg Rüschemeyer, *Menschen und andere Tiere.*
Vom Wunsch, einander zu verstehen

Silke Scheuermann, *Emma James und die Zukunft der Schmetterlinge*

Wolfgang Spreckelsen (Hg.), *Das Haus hinter Mitternacht.*
Unheimliche Geschichten zum Erzählen

Martina Wildner, *Grenzland*

Weitere Bände sind in Vorbereitung

DIE BÜCHER MIT DEM BLAUEN BAND

Herausgegeben von Tilman Spreckelsen

Wie betörend Sprache sein kann, die in Rhythmus gegossen ist, entdeckt Ludwig Harig schon früh. Gehörte Lieder und erzählte Märchen lassen ihn im Alltag das Magische entdecken. Und er selbst, ein Meister des subtilen Spiels mit Wörtern, nimmt den Leser mit auf eine Zeitreise durch sein Leben.

Ludwig Harig, Könner, Enthusiast und selbsternannter »Luftkutscher« in einer Person, bietet uns in seiner erlebten Poetik eine Versschule der etwas anderen Art: Da lässt ein veränderter Takt ein Gedicht von Dur in Moll kippen, Poeten streiten erbittert über das richtige Versmaß – und aus ersten, vorsichtigen Schritten wird ein komplexer Tanz der Wörter.

Ludwig Harig
**WIE DIE WÖRTER
TANZEN LERNTEN**
Mit Bildern von Franz Zauleck
216 Seiten, Leinen im Schuber
mit Lesebändchen

Fischer

www.fischerverlage.de

fi 85357 / 2

DIE BÜCHER MIT DEM BLAUEN BAND

Herausgegeben von Tilman Spreckelsen

Ein fremder Junge erscheint aus dem Nichts und bringt den anderen
Kindern den Tod. Ein unheimlicher Traum, der immer wieder kommt,
wird eines Tages wahr. Eine Dienstmagd ist vom Teufel besessen, und als
der Pfarrer sie dennoch in sein Haus nimmt, erlebt er sein blaues Wunder:
Wer könnte sich dem Reiz einer guten Gruselgeschichte entziehen? Vor
allem, wenn sie gut erzählt wird?

Eine Sammlung von unheimlichen Geschichten und Balladen – zum Erzählen, Nacherzählen und Vorlesen.

DAS HAUS HINTER MITTERNACHT
Unheimliche Geschichten zum Erzählen
Herausgegeben von Wolfgang Spreckelsen
Mit Bildern von Isabel Klett
288 Seiten, Leinen im Schuber
mit Lesebändchen

Fischer
www.fischerverlage.de

fi 85341 / 1

DIE BÜCHER MIT DEM BLAUEN BAND

Herausgegeben von Tilman Spreckelsen

»›Runaway‹ ist mehr als ein nostalgisches Panorama der Einwanderer und Glückssucher, es ist vor allem eine spannende Huckleberry-Finn-Geschichte. Die entwickelt von Anfang an einen ungeheueren Erzählsog mit einem so eigenwilligen Sound voller Staunen, Hoffnung und Verletzbarkeit, dass sie einen auch die knallharte Realitäten wie den heroinsüchtigen Freund Jimmy und die trostlose Gewalt der Ghetto-High-School ertragen lässt.«
Marion Klötzer, Badische Zeitung

»Doch ›Runaway‹ ist kein dramatisches Roadmovie, keine wilde Jagd Richtung Pazifik, keine verbissene Suche verdrogter weißer Jungs nach dem Kitzel einer ›New Frontier‹. Vielmehr gehört der Roman ganz seinem Erzähler Rico, der das Herz seiner Leser im Sturm erobert.«
Wieland Freund, Literarische Welt

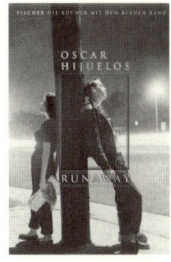

Oscar Hijuelos
RUNAWAY
Aus dem Amerikanischen
von Günter Ohnemus
416 Seiten, Leinen im Schuber
mit Lesebändchen

Fischer
www.fischerverlage.de

fi 85382 / 1

Jürgen Brater
Wie mein Hund die Biologie entdeckte
Von Photosynthese bis Immunsystem:
Ein Spaziergang durch das Leben
Band 17590

Warum sind rote Rosen rot? Warum sind Schimpansen mit
Menschen näher verwandt als mit Gorillas? Und was hat es
eigentlich mit Gentechnik und Stammzellen auf sich? Beim
täglichen Spaziergang mit seinem Hund Sina beobachtete
Dr. Jürgen Brater die Vorgänge und Veränderungen in der
Natur und erläutert anhand dessen, was er ein Jahr lang
Monat für Monat am Wegesrand sah, die vielfältigen Ge-
heimnisse der Biologie. Dieses Buch informiert, erklärt und
ist vor allem – äußerst unterhaltsam!

Fischer Taschenbuch Verlag

fi 17590 / 1

Was macht ein Eisbär
ohne Eis?

Verheerende Hurrikans verwüsten das Land, es gibt Frühlings-
wetter im November und die Sommer werden immer heißer.
Was ist los mit der Erde?

Tim Flannery hat seinen Weltbestseller über die Ursachen und
Folgen der globalen Klimaveränderung ›Wir Wettermacher‹
für Jugendliche neu geschrieben. Herausgekommen ist eine
leicht verständliche Fassung, die sich so spannend wie ein
Krimi liest.

Tim Flannery
Wir Klimakiller
Wie wir die Erde retten können
Aus dem australischen Englisch
von Birgit Brandau
304 Seiten, gebunden

Fischer Schatzinsel

fi 85248 / 1